PRIX : **60** centimes.

...LLE FLAMMARION

EXCURSIONS

DANS LE CIEL

PARIS

ERNEST FLAMMARION, Éditeur

26, rue Racine, 26.

EXCURSIONS DANS LE CIEL

ŒUVRES DE CAMILLE FLAMMARION

OUVRAGES PHILOSOPHIQUES

La pluralité des mondes habités, 1 vol. in-12. 37° éd.

Les Mondes imaginaires et les Mondes réels. 1 vol. in-12. 23° éd.

Uranie, roman sidéral. 1 vol. in-12. 30° mille.

Stella, roman sidéral. 1 vol. in-12. Première édition 1897.

La Fin du Monde, 1 vol. in-12. 16° mille.

Récits de l'Infini. Lumen. 1 vol. in-12. 13° éd.

Lumen. 1 vol. in-18. 52° mille.

Dieu dans la nature. 1 vol. in-12. 28° éd.

Les derniers jours d'un philosophe, de Sir Humphry DAVY. 1 vol. in-12.

ASTRONOMIE PRATIQUE

La planète Mars et ses conditions d'habitabilité. Étude synthétique accompagnée de 580 dessins télescopiques et 23 cartes aréographiques. 1 vol. gr. in-8°.

La planète Vénus. Discussion générale des observations (94 dessins). 1 br. in-8°.

Les Étoiles doubles. Catalogue des étoiles multiples en mouvement, avec les positions et la discussion des orbites.

Études sur l'astronomie. Recherches sur diverses questions. 9 vol. in-18.

Grand Atlas céleste, contenant plus de cent mille étoiles. In-folio.

Grande carte céleste, contenant toutes les étoiles visibles à l'œil nu.

Planisphère mobile, donnant la position des étoiles chaque jour.

Carte générale de la Lune.

Globes de la Lune et de Mars.

ENSEIGNEMENT DE L'ASTRONOMIE

Astronomie populaire, exposition des grandes découvertes de l'astronomie, 1 vol. gr. in-8°. 100° mille.

Les Étoiles et les Curiosités du Ciel. Supplément de l'*Astronomie Populaire*. 55° mille.

Les Terres du Ciel, description des planètes. 1 vol. gr. in-8°. 50° mille.

Les Merveilles Célestes. 1 vol in-8°. 50° mille.

Petite Astronomie descriptive. 1 vol. in-12.

Qu'est-ce que le Ciel?

Copernic et le système du monde. 1 vol. in-18.

Petit Atlas astronomique de poche. 1 vol. in-24.

Annuaires astronomiques.

SCIENCES GÉNÉRALES

Le Monde avant la création de l'homme. 1 vol. gr. in-8°. 56° mille.

Mes Voyages aériens. 1 vol. in-12.

Contemplations scientifiques 2 vol. in-12.

L'Atmosphère, Météorologie populaire. 1 vol. gr. in-8°. 28° mille.

L'Éruption du Krakatoa et les Tremblements de terre. 1 vol. in-18.

VARIÉTÉS LITTÉRAIRES

Dans le Ciel et sur la Terre. Clairs de Lune, 1 vol in-18.

Rêves étoilés, 1 vol. in-18.

Excursions dans 1 vol. in-18.

CAMILLE FLAMMARION

EXCURSIONS

DANS LE CIEL

PARIS

ERNEST FLAMMARION, ÉDITEUR

26, RUE RACINE, PRÈS L'ODÉON

EXCURSIONS DANS LE CIEL

LA LUNE À UN MÈTRE

ET L'EXPOSITION DE 1900

I

Tout le monde a pu lire dans les journaux, pendant le mois de juillet de l'année 1892, la curieuse note suivante :

LA LUNE À UN MÈTRE

« M. François Deloncle, député, a annoncé à la Société française d'économie industrielle et commerciale qu'on verrait, à la prochaine Exposition universelle de Paris, en 1900, la surface de la lune à une distance d'un mètre !

« Les plus puissants télescopes connus nous

rapprochent de la lune à 60 kilomètres. Il n'y a aucune limite à l'agrandissement possible des télescopes, si ce n'est la difficulté de leur construction. L'équatorial installé par M. Lœwy à l'Observatoire de Paris est muni d'un objectif dont le diamètre ne dépasse pas 27 centimètres. Les plus grands miroirs construits pour les équatoriaux les plus perfectionnés atteignent un diamètre d'un mètre.

« MM. Lœwy et les frères Henry, les hardis promoteurs de la photographie céleste, ont calculé qu'on pourrait avoir une image nette de la surface lunaire, vue à une distance d'un mètre, si l'on pouvait construire un miroir de cristal, d'une pureté parfaite, mesurant 3 mètres de diamètre et d'une épaisseur telle que le poids en soit d'environ 8 000 kilogrammes.

« Les verriers de Saint-Gobain ont accepté cette commande gigantesque. Ils seront prêts avant 1900.

« Reste à construire l'instrument dont les dimensions seront appropriées à cet immense miroir. C'est l'affaire de MM. Lœwy et Henry.

« On peut donc espérer que, pour la première fois, les « terriens » seront admis à la contemplation directe, immédiat, d'un corps céleste.

« Ce sera le *clou* de l'Exposition. »

Cette annonce, dont nous ignorons l'origine, mais qui vient d'être réimprimée textuellement, a été prise au sérieux non seulement par les journaux qui l'ont publiée, mais encore par les trois quarts de leurs lecteurs, et les astronomes n'ont pas tardé à être interviewés, comme on dit aujourd'hui, sur la valeur scientifique de ces assertions. Voir la lune à un mètre ! Pensez donc. C'est tentant, et déjà la fabrique de Saint-Gobain se charge d'exécuter la commande : on aura ce spectacle pour l'Exposition de 1900 !

A ceux qui sont venus me voir à ce propos, j'ai répondu qu'il devait y avoir là quelque petite erreur de copie, et que le ou les promoteurs de cette noble idée avait dû dire non pas UN MÈTRE, mais UN CENTIMÈTRE. En effet, pourquoi s'arrêter en si beau chemin ? Un mètre, c'est encore un peu loin. Mais à un centimètre, on pourrait se servir d'une loupe et avoir l'illusion, facile, peut-être, à produire, de toucher la lune. Ce serait absolument complet !

Laissons de côté, si vous le voulez bien, ce projet qui ne tient pas debout, malgré les noms scientifiques qui lui ont été associés, et examinons sérieusement la question des applications futures de l'optique au rapprochement des astres, qui a certainement son intérêt, et qui vaut bien les perfectionnements des canons et de la balistique de notre civilisation européenne, aussi barbare que stupide.

Remarquons d'abord que grossir un objet ou le rapprocher, c'est absolument la même chose. Une jumelle qui grossit deux fois et qui est dirigée sur un homme placé à 100 mètres de distance le montre comme s'il était à 50 mètres. Un grossissement de 3 fois le montrera comme s'il était à 33 mètres, et un grossissement de 4 fois, comme s'il était à 25.

Or, la lune, tout le monde le sait, tourne autour de la terre à la distance de 384 000 kilomètres. Nous avons actuellement dans les observatoires d'excellents instruments qui peuvent supporter des grossissements de 1 500 à 2 000 diamètres. Ce dernier agrandissement, appliqué à notre satellite, le rapproche donc comme s'il était réellement à 192 kilomètres de distance seulement.

Ce grossissement de 2 000 fois est actuellement l'un des plus forts qui puissent être appliqués aux instruments d'optique, lunettes ou télescopes, même les meilleurs. En des circonstances météorologiques exceptionnelles, lorsque l'air est parfaitement calme et que l'atmosphère n'est traversée par aucune onde chaude ou froide, le matin, au lever du soleil, ou parfois le soir au coucher, si l'observatoire est établi non pas à Paris et dans les couches basses de l'atmosphère, mais sur un point assez élevé, on peut aller parfois jusqu'à 3 000 ; mais c'est le maximum.

Le nombre 384 000 divisé par 3 000 donne 128. Nous en concluons donc que ce chiffre de 128 kilomètres représente la distance minimum à laquelle la lune puisse être actuellement rapprochée de l'œil d'un observateur terrestre.

Cette distance est trop grande pour que les astronomes puissent rien affirmer encore sur le problème de l'habitabilité actuelle de la lune. Tout ce que nous pouvons penser, c'est que ce globe voisin ne peut pas être habité par des organismes semblables à nous. Mais qu'il le puisse être par des vivants différents de nous, c'est ce que nul ne peut nier.

En général, les observations faites sur notre satellite le sont à l'aide d'instruments grossissant entre 500 et 1 000 fois. C'est dire qu'on ne le rapproche pas souvent à 128 kilomètres, ordinairement, c'est 384, 500 ou 768 kilomètres. Rien ne sert d'accroître le grossissement si les images perdent leur netteté.

On peut admettre que le grossissement normal applicable aux lunettes astronomiques est de 2 fois par millimètre de diamètre. Un objectif de 0^m24 a pour grossissement normal 480 ; un objectif de 0^m40, 800 ; un objectif de 0^m60, 1 200 ; et un objectif de 0^m80, 1 600. Les plus puissantes lunettes du monde sont les équatoriaux de l'Observatoire du mont Hamilton, près San-Francisco, en Californie, de Nice et de Pulkowo près de Saint-Pétersbourg. Le premier mesure 0^m91 de diamètre et 15 mètres de distance focale (c'est la longueur de la lunette) ; le deuxième instrument mesure 0^m74 d'ouverture et 18 mètres de longueur ; le troisième mesure 0^m70 et 13 mètres. On applique avec succès aux deux derniers des grossissements de 1 600, et au premier des grossissements de 2 000. Ces agrandissements peuvent s'élever, dans les meilleures circonstances atmosphériques, à 2 500 pour les seconds et à 3 000 pour les premiers. C'est tout.

On a dépassé ces diamètres dans la construction des miroirs télescopiques. Le plus grand de tous est celui de lord Rosse, en Irlande. Il mesure 1^m83 de diamètre et 16 mètres de distance focale. Vient ensuite celui de M. Common, à Ealing, près de Londres, qui mesure 1^m50.

Remarquons ensuite les trois grands télescopes de Lassell, de l'Observatoire de Melbourne, et de celui de Paris, qui mesurent tous les trois 1^m20

de diamètre. Mais malgré leurs dimensions ces colosses ne surpassent pas, en puissance optique, les lunettes que nous venons de passer en revue. Un miroir perd plus de lumière qu'une lentille et supporte de moindres grossissements d'images. De plus, leur poids considérable — celui de lord Rosse pèse 3 800 kilogrammes — les rend d'un maniement difficile et ne tarde pas à déformer légèrement la surface de courbure, calculée géométriquement, et qui ne devrait subir aucune altération. Un autre inconvénient, c'est que cette surface se ternit assez vite et qu'il faut la repolir si le miroir est en métal, la réargenter s'il est en verre ; dans les deux cas, sa valeur optique peut être diminuée. Par toutes ces raisons, les observations faites aux télescopes ne surpassent pas celles qui sont faites aux lunettes, et le plus fort grossissement pratique employé est 2 500 à 3 000.

Nous ne dépassons toujours pas ce que nous adoptions tout à l'heure comme maximum de rapprochement de la lune : 128 kilomètres.

De là à un mètre, il y a une légère différence.

Peut-on essayer de construire des instruments plus puissants que ceux qui existent actuellement ?

Certainement, on le peut, et nous ajouterons

même qu'on le fait perpétuellement, surtout aux États-Unis.

Les travaux ne s'arrêtent jamais et le progrès marche assez vite, comme on en peut juger. La plus puissante lunette du monde était en 1874 celle de M. Newall, en Angleterre : elle mesurait 0^m63 de diamètre. L'année suivante, on construisit aux États-Unis celle de l'Observatoire de Washington, qui mesure 0^m66 et qui servit en 1877 à découvrir les deux satellites de Mars. En 1885, on construisit celle de l'Observatoire de Nice, qui mesure 0^m76 (0^m74 d'ouverture, montée dans son cadre). En 1888, on réussit celle du mont Hamilton, dont la lentille atteint 36 pouces anglais, près d'un mètre, 0^m97 (et 0^m91 dans son cadre).

Actuellement, on termine un objectif de 40 pouces anglais, soit un mètre de diamètre, destiné à l'Observatoire de Chicago. Construit à Paris par M. Mantois et taillé par Alvan Clark, aux États-Unis, il mesure en réalité 1^m05. C'est le plus grand des objectifs. La lunette mesure 19 mètres de longueur. On vient de l'installer (1898) à l'Observatoire Yerkes, près Chicago.

Les grands instruments de l'astronomie contemporaine sont comme des portes nouvelles ouvertes sur l'infini et conduisant à des découvertes merveilleuses. Le progrès continuera son essor ; mais il n'avance que graduellement. Il serait absolument impossible de construire actuellement soit un objectif, soit un miroir capable de rapprocher la lune non pas à un mètre, ni à 10, ni à 50, ni à 100, ni à 500, ni à 1 000, ni à 5 000, ni à 10 000...

Si l'on pouvait construire un miroir télescopique de 3 mètres de diamètre (j'entends un miroir réussi), le maximum d'agrandissement que les images obtenues au foyer de ce miroir dans un télescope mesurant quelque chose comme 25 mètres de longueur — serait de 6 000 à 7 000. Allons jusqu'à 8 000 pour faire plaisir au ou aux promoteurs du « clou de l'Exposition » : eh bien ! la lune rapprochée de 8 000 fois serait environ à 48 000 mètres de l'œil de l'observateur, soit 48 000 fois plus loin qu'on le prétend.

Qui veut trop prouver ne prouve rien. Ce serait déjà admirablement beau d'arriver à un pareil résultat.

Seulement... si l'on pouvait y parvenir, les visiteurs de l'Exposition de Paris n'en pourraient pas jouir, parce qu'à Paris les images lunaires ainsi obtenues seraient atrocement mauvaises et vaudraient moins que celles que l'on obtient actuellement à la campagne — surtout sur des points élevés, à l'aide des lunettes actuelles de moyenne puissance.

L'agrandissement, en effet, ne grossit pas seulement l'image de l'astre, mais encore, et dans les mêmes proportions, toutes les impuretés de l'air et surtout les ondes d'air chaud qui existent constamment autour de nous. Après une journée d'été, par exemple, de véritables fleuves d'air, invisibles à l'œil nu, lèchent la surface du sol, les murs des maisons, les toits et tous les objets qui ont été échauffés pendant le jour. Aussitôt que nous appliquons à un instrument astronomique un grossissement un peu fort, nous voyons les images onduler comme à travers une nappe d'eau courante. Toute netteté disparaît. Il faut se contenter des plus faibles grossissements ou attendre que le calme de l'atmosphère reprenne son équilibre, ce qui n'arrive guère, une fois le soleil couché, que le matin, à l'arrivée de l'aurore.

De tels instruments placés à Paris, et au sein d'une Exposition poussiéreuse, fumeuse et illuminée, seraient absolument hors de service. Si c'était là *le clou* du succès, ledit succès serait plus que compromis.

Cela dit, on ne peut qu'approuver toute tentative d'accroître la puissance des instruments d'optique moderne, et nous nous sommes fait nous-même, plus d'une fois, l'apôtre de ce vœu.

Il serait très beau de voir à l'Exposition prochaine le plus grand objectif astronomique, le plus grand miroir télescopique qu'il fût possible de construire. On l'admirerait à la galerie des Arts libéraux, à titre de curiosité supérieure à toutes les autres, par les espérances qu'il ferait naître, et après la fête populaire on l'installerait, œil gigantesque d'un organe nouveau, dans les meilleures conditions d'utilisation, non pas à Paris, mais en quelque haut lieu privilégié de France ou d'Algérie. Alors, seulement, on le dirigerait vers les cirques démantelés du monde lunaire, ou mieux encore vers les énigmatiques canaux de Mars, et l'on pourrait s'attendre à quelque nouvelle découverte céleste, qui peut-être étonnerait tout le genre humain.

Il y a de grands progrès à réaliser encore en optique comme en astronomie, et depuis quelques mois même un nouveau pas a été fait, assez curieux, dans l'étude de la Lune. On prend, depuis quelque temps, d'excellentes photographies lunaires au grand équatorial de l'Observatoire du mont Halmiton, dont nous parlions tout à l'heure, et ces vues, obtenues à l'aide du plus puissant instrument du monde, viennent d'être agrandies par un ingénieux procédé du directeur de l'Observatoire de Prague, M. Weinek.

L'image lunaire photographique obtenue est de 15 centimètres environ et l'agrandissement est de 20 fois, ce qui correspond à un disque lunaire de près de 3 mètres de diamètre et à un grossissement télescopique supérieur à 1 000. Or, dans l'une de ces photographies, que nous avons reçue récemment, on distingue des détails que l'on n'avait encore, jusqu'ici, jamais observés sur notre satellite, notamment des lignes onduleuses et ramifiées qui donnent tout à fait l'idée de rivières desséchées. Il y a là tout un nouveau champ de recherches bien inattendues. On pourrait par des projections agrandir encore ces photographies lorsqu'elles sont parfaitement nettes.

D'autre part, l'astronome américain William Pickering, qui installe, en ce moment, un observatoire sur les hauts plateaux du Pérou, vient de signaler des changements survenus à trois cratères lunaires et remet en discussion l'ancienne opinion de William Herschel sur la possibilité d'une activité actuelle des volcans si nombreux qui criblent la surface de notre satellite. Ici, encore, tout nous invite à des observations attentives et précises.

On le voit, le progrès marche et marchera. Agrandissons, perfectionnons du mieux possible les instruments déjà si ingénieux de l'optique moderne, et faisons des vœux pour admirer à l'Exposition de la fin de ce siècle la colossale lentille dont nous venons de parler, et pour la voir ensuite utilisée dans un observatoire supérieur. Ce ne sera pas la lune à un mètre. Ce sera autre chose, de plus sûr et de plus vrai.

Nous venons de dire que l'Exposition de 1900 marquera la dernière année de ce siècle et non la première année du vingtième, car on se trompe déjà à cet égard. Le vingtième siècle commencera le 1er janvier 1901. Une centaine se compose de cent unités, comme une dizaine de dix unités. 1900 appartient au XIXe siècle comme dix appartient à une dizaine. L'an 1er de notre ère ne s'appelle pas l'an 0, mais l'an 1.

II

Le jugement précédent porté sur le projet dont il vient d'être question, a fait assez rapidement le tour du monde, sur l'aile capricieuse des journaux, et nous avons reçu, des points les plus reculés du globe, un grand nombre de lettres qui montrent que la question de « la Lune à un mètre » et la réponse négative que nous avons donnée ont fait le tour de notre planète dans tous les sens. Tout le monde s'intéresse évidemment au sujet. Mais quelques-unes de ces lettres semblent nous mettre en contradiction avec nos propres sentiments, en rappelant que nous avons lancé nous-même ce projet d'un instrument gigantesque à construire, dès l'année 1876, dans la première édition des *Terres du ciel*, que nous l'avons continué en 1879 dans notre *Astronomie populaire*, et que nous nous déclarons aujourd'hui d'un avis contraire... Il y a là une grosse erreur.

Nous avons toujours dit que l'on pourrait, que l'on devrait, qu'il serait magnifique de construire le plus puissant instrument possible, avec les merveilleuses ressources de l'optique moderne, et qu'un tel instrument armé d'un grossissement de 3 000 rapprocherait la Lune de 384 000 kilomètres à 128, et, s'il pouvait atteindre 8 000, la rapprocherait à 48. Mais nous n'avons jamais dit qu'il la rapprocherait à un mètre, et nous ne l'admettons pas davantage aujourd'hui.

De 48 000 à 1, il y a une légère différence.

Voici, du reste, les termes mêmes dont nous nous sommes servi. On nous pardonnera de les reproduire :

Terres du ciel, première édition, page 64. « Le projet serait de construire un miroir de 3 à 4 mètres de diamètre. On pourrait lui adapter un oculaire grossissant 8 000 fois. La grandeur des découvertes qui pourraient être faites sur Mars ne peut même être imaginée. Les problèmes de la constitution des anneaux de Saturne, de Jupiter et de ses satellites seraient résolus. Quant à la Lune, nous la verrions rapprochée à 48 kilomètres de nous.

« Cette idée est digne d'inspirer l'ambition d'un grand peuple : construire le plus puissant télescope du monde serait l'œuvre la plus glorieuse de ce siècle. Lorsqu'on songe que tant de capitaux sont jetés, chaque année, en pure perte dans le gouffre des armées permanentes, on sent combien il serait plus intelligent, plus beau, plus utile de consacrer une partie de ces sommes fabuleuses au progrès des sciences. Que l'optique du XIXe siècle rapproche enfin les planètes, jusqu'à nous permettre de distinguer la vie qui embellit leur surface ! *Cœlum certè patet*, comme le disait Ovide, il y a deux mille ans, *ibimus illac :* Le ciel est ouvert, prenons-en possession ! »

Et voici ce que nous ajoutions, trois ans après, dans l'*Astronomie populaire*, page 195 :

« Cette intéressante question des habitants de

la Lune pourrait être résolue de nos jours, en même temps qu'un grand nombre d'autres, par un puissant télescope dont la construction ne dépasserait certainement pas un million. Des études faites dans ce but établissent qu'on pourrait dès maintenant, dans l'état actuel de l'optique, construire un instrument capable de rapprocher la Lune à quelques lieues.

« Nous touchons au but. Resterons-nous encore longtemps arrêtés devant la terre promise, sans résoudre les intéressants problèmes offerts à la curiosité humaine ? Un bon mouvement, un mouvement inspiré par la plus merveilleuse des sciences, suffirait pour nous doter actuellement du plus puissant télescope du monde. »

Ainsi parlions-nous. Nous ajouterons même, puisqu'il est question de ce projet, que nous avions été un peu plus loin vers sa réalisation, attendu que nous avons donné deux conférences sur ce point, en 1878, pendant l'Exposition universelle, l'une au boulevard des Capucines, l'autre à l'Union des chambres syndicales. Il y a même plus encore. Un jour, en 1880, à la table de M. Grévy, président de la République, la question fut mise sur le tapis au dessert, et l'un des convives proposa l'autorisation d'une loterie. Nous causâmes tous assez longuement des espérances que les grands progrès de l'optique, pouvaient faire naître : toute la famille de M. Grévy, ainsi qu'un éminent ministre et un membre de la famille Arago, peuvent encore s'en souvenir.

On conçoit donc qu'après de tels précédents, il serait assez illogique de faire de moi un adversaire du projet de construction du plus puissant instrument d'optique possible. C'est la prétention d'apporter la Lune à un mètre de notre œil que j'ai combattue, parce qu'elle n'a pas le sens commun, qu'elle donne un air de fable à ce qui pourrait être une réalité, et qu'elle compromet le but même à atteindre.

Depuis quinze et vingt ans, le perfectionnement des instruments d'optique a marché avec rapidité. Mais un télescope de 3 à 4 mètres et un grossissement de 8 000 représentent encore le *maximum* possible, maximum difficile à obtenir, mais non sans doute irréalisable.

La formule de « la Lune à un mètre » ne peut être prise au sérieux par personne. Jusqu'à ce jour, aucun appareil n'a pu la rapprocher à moins de 128 kilomètres. En prenant pour but du plus grand progrès réalisable 48 kilomètres, c'est faire un pas énorme, et qui ne paraît pas pouvoir être dépassé.

D'ailleurs, d'après une communication que M. Del'oncle vient de m'adresser, il paraît que ce titre malencontreux ne vient pas de lui, mais d'un journaliste trop zélé et peu scrupuleux, et que jamais dans l'opinion des promoteurs du « clou de l'Exposition », il n'a été question de rapprocher la Lune à un mètre.

A la bonne heure ! Nous aimons mieux cela, et nous applaudissons de toutes nos forces à l'idée magnifique de construire, pour couronner dignement notre grand et fécond XIXe siècle, le plus puissant télescope du monde. Nous avons devant nous, dans les terres célestes qui nous entourent, des merveilles à découvrir. C'est à peine si nous commençons à connaître notre voisine, la planète Mars. Que sont ces canaux rectilignes ? Quel est ce réseau géométrique tracé à la surface de ses continents ? Quelle est cette croix si régulière que nous observons, depuis trois mois, sur l'une de ses terres autrales ? Que sont ces points lumineux jaillissant de son terminateur ? Et ces volcans lunaires, que des observations récentes semblent faire renaître ? Et ce nouveau satellite de Jupiter ? Et ces étoiles de couleur, qui marient dans le ciel leurs feux multicolores ?... Les découvertes sont constantes en astronomie. Elles seront plus splendides encore, si l'on parvient à construire des instruments supérieurs, donnant des images d'une netteté parfaite sous de puissants grossissements.

Le plus grand instrument d'optique que l'on puisse actuellement construire, télescope ou lunette, rapprocherait la Lune à 48 kilomètres. On la verrait par morceaux, de la dimension angulaire sous laquelle nous voyons Notre-Dame du pont Saint-Michel. Bien des détails de sa surface pourraient être reconnus. Mais, nous le répétons ; c'est 48 kilomètres, et non pas un mètre.

Au lieu de dire, la *Lune à un mètre*, il faut donc dire *la Lune à 48 kilomètres*, et souhaiter que la grande lunette projetée, qui doit se composer surtout d'un objectif mesurant plus d'un mètre de diamètre, d'un tube horizontal immobile de 60 mètres et de miroirs mobiles envoyant l'image de la Lune dans ce tube, soit complètement réussie et serve, après son exposition, au progrès de nos connaissances sélénographiques.

LA LUNE PHOTOGRAPHIÉE

L'astronomie physique prend peu à peu dans la science le rôle qui lui appartient et cesse enfin d'être étouffée sous l'échafaudage des méthodes mathématiques. Certes, ses fondateurs, Galilée, Huygens, Cassini, Herschel, Schrœter, Fraunhöfer, Mädler, Arago, ne datent pas d'aujourd'hui ; mais les observatoires ont presque tous subi, depuis un siècle, l'influence d'esprits peu curieux, tout entiers absorbés par les chiffres, et d'un caractère analogue à celui de Delambre, secrétaire perpétuel de l'Institut pour les sciences mathématiques, membre de toutes les académies d'Europe, lequel ayant à parler de la constitution physique du Soleil, écrivait à propos des taches solaires : « Elles paraissent un peu négligées par les astronomes qui ont senti la difficulté *d'ajouter aux connaissances acquises*, quoique ces connaissances soient assez imparfaites ; il est vrai qu'*elles sont plus curieuses que vraiment utiles* ». Ces lignes étaient écrites en 1814, à une époque où l'on ne savait à peu près *rien* sur la nature du Soleil ; on avouera qu'elles étaient peu encourageantes pour enthousiasmer les chercheurs. C'est en dehors des observatoires que la découverte de la périodicité des taches solaires a été faite, par un amateur, le baron Schwabe, à Dessau, et que les recherches d'analyse spectrale ont été commencées.

Les grands mathématiciens pourraient être définis, à l'opposé de ce que Delambre vient de dire des taches solaires, comme des êtres *plus utiles que curieux*. Je me souviens qu'un jour, ou plutôt un soir de l'année 1876, au grand équatorial de la tour de l'est de l'Observatoire de Paris, j'observais Neptune pour essayer d'apercevoir quelque chose sur son disque, lorsque Le Verrier arriva sous la coupole. En apprenant que je regardais sa planète au lieu de mesurer une étoile double, comme je devais le faire un instant après (précisément dans le voisinage de Neptune), il en parut tout surpris.

— Pour quoi faire ? me dit-il.

— Mais, pour voir si elle n'aurait pas des bandes comme Jupiter, Saturne, Uranus.

— Ça vous intéresse ?

— Oui. A cette immense distance du Soleil, les conditions de la vie doivent être bien différentes de ce qu'elles sont ici.

— Eh bien! moi, je ne l'ai jamais tant regardée que cela.

L'illustre astronome me tourna le dos et continua sa promenade. Non, il n'était pas curieux du tout, et la meilleure preuve, c'est qu'après avoir calculé, au mois d'août 1846, la position de sa planète dans le ciel, il ne dirigea pas une lunette vers cette position pour la vérifier et en laissa l'honneur à un astronome allemand. N'est-ce pas là une belle indifférence? Remarquons que toutes les lunettes de l'Observatoire étaient à sa disposition, et que Neptune est de 8e grandeur et demie et offre un disque sensible.

Il est pourtant bon d'être un peu curieux, de chercher à savoir ce qui se passe sur les autres mondes, et c'est précisément sous l'inspiration de ce noble désir que les photographies de la Lune ont été commencées, il y a déjà quarante ans, en 1857, par un amateur très distingué, homme tout à fait charmant, Warren De la Rue, Français d'Angleterre, et continuées ensuite, avec un grand perfectionnement, de 1868 à 1875, par Rutherfurd, autre amateur, aux États-Unis. Il n'y avait guère alors qu'un seul astronome en France qui prît au sérieux la photographie astronomique : c'était M. Faye. En présentant ces dernières photopraphies, en 1872, à l'Académie des sciences, il fit ressortir leur très grande importance pour l'étude de la géologie de la Lune et des variations qui peuvent se produire à sa surface.

Les épreuves lunaires de Rutherfurd sont très belles. J'en ai encore une sous les yeux au moment où j'écris ces lignes : elle a fort bien supporté l'agrandissement, mesure $0^m,52$ de diamètre et est d'une netteté admirable.

Depuis cette époque, plusieurs astronomes se sont particulièrement occupés de la photographie lunaire. L'Observatoire Lick, aux États-Unis, s'est remarquablement distingué dans cette voie et vient même de commencer la publication d'un très bel atlas dont les planches mesurent $0^m,31$ sur $0^m,23$. M. Weinek, directeur de l'Observatoire de Prague, a pu pousser les agrandissements des clichés de l'observatoire Lick jusqu'à 24 et 25 diamètres en conservant aux images presque toute leur netteté.

L'Observatoire de Paris s'est, à son tour, lancé dans la lice, et l'on doit reconnaître, sans aucun esprit de parti, qu'il a, du premier coup, remporté la victoire.

Ce succès incontestable, et d'ailleurs, croyons-nous, incontesté, est dû au talent des astronomes qui se sont consacrés à ce travail, MM. Lœwy et Puiseux d'une part, et, d'autre part, à l'excellence et à l'installation commode et ingénieuse de l'instrument appliqué à ces recherches, l'équatorial coudé. Il se compose essentiellement de deux parties : l'une mobile, à l'extérieur du bâtiment, peut être dirigée vers les divers points du ciel et projeter, à l'aide de miroirs combinés, l'image de l'astre au foyer, à l'oculaire de la partie immobile fixée à l'intérieur du bâtiment, de telle sorte que l'observateur, commodément assis, observe cette image sans plus de fatigue qu'un opérateur examinant un objet au microscope. La distance focale de l'objectif photographique est de 17 mètres. Les images obtenues sur le cliché ont précisément pour diamètre le centième de cette distance focale, c'est-à-dire 0^m,17. Nous venons d'en reproduire un spécimen, légèrement rédut, pour la dimension de ces pages.

La question toute logique que l'on se pose devant ces progrès accomplis dans l'étude du monde lunaire est toujours la même : à quelle distance ces perfectionnements de l'optique rapprochent-ils la Lune de nos yeux ?

On entend d'habitude par grossissement d'une

lunette le facteur par lequel se trouve multiplié le diamètre apparent d'un objet céleste vu à travers le système formé par l'objectif et l'oculaire.

L'épreuve photographique obtenue au foyer est la reproduction plus ou moins complète de l'image focale, mais non de l'image vue dans l'oculaire. Pour devenir équivalent à celle-ci, le cliché doit être agrandi ou examiné au microscope. La photographie constituera un progrès indéniable sur la vision directe si le cliché supporte une amplification plus forte que l'image réelle formée au foyer.

Appliquons ces principes au cas actuel.

Nous voyons la Lune à l'œil nu sous un angle de 31'. Les clichés de l'Observatoire de Paris donnent des disques de $0^m,17$ de diamètre. Pour examiner ces clichés à l'œil nu, une personne douée d'une vue un peu longue les tiendra à $0^m,30$ de ses yeux. Dans ces conditions, la Lune apparaît sous un angle de $32°54'$, c'est-à-dire 64 fois le diamètre apparent primitif. Nous avons donc, par le simple examen du cliché, convenablement éclairé par transparence, réalisé un grossissement de 64 fois ou rapproché l'astre à 6 000 kilomètres.

Si la vue de notre observateur e s'accommode bien aux petites distances, il trouvera tout avantage à placer le cliché à $0^m,15$ de ses yeux, ce qui lui vaudra un grossissement de 128 fois et mettra la Lune à 3 000 kilomètres.

Maintenant, l'emploi d'une loupe ou d'un appareil de projection grossissant cinq fois fait apparaître des détails nouveaux. Suivant que la vision distincte est à $0^m,30$ ou $0^m,15$, cet agrandissement correspond à 320 ou 640 fois et rapproche notre satellite à 1 200 ou 600 kilomètres, vu sur ces photographies.

M. Puiseux, avec lequel la question a été discutée, estime que l'on peut adopter le grossissement de 500 fois comme moyen et normal pour ces photographies. En augmentant le grossissement, on ne fait plus rien gagner aux détails, on grossit le pointillé de la couche sensible, et l'on n'augmente pas la valeur de l'image.

Ces photographies n'atteignent pas encore le pouvoir de définition correspondant à l'ouverture de l'instrument, ce qui n'a rien de surprenant, du moment que la pose n'est pas instantanée. Un obturateur la varie de 2 à 7 dixièmes de seconde pour les diverses régions lunaires. Les imperfections du mouvement et les ondulations atmosphériques doivent forcément agir.

Les dimensions de l'objectif ($0^m,60$) permettent certainement d'appliquer à l'observation directe des grossissements de 1 000 à 1 200 et de découvrir à la surface du globe lunaire plus de détails que n'en offrent les photographies.

Du reste, il suffit de comparer les dessins faits à ces photographies, quelque admirables qu'elles soient, et il suffit surtout d'observer directement la Lune dans le champ d'une bonne lunette, pour constater que la photographie n'atteint pas encore les détails de la vision directe. On voit nettement, et l'on peut dessiner, des aspects au moins de moitié plus petits que ceux des clichés photographiques.

L'œil constate la présence d'objets, cratères, pics, monticules, irrégularités topographiques, rainures, ne mesurant pas plus de 700 mètres de diamètre, et parfois même beaucoup moins pour les lignes blanches ou noires.

Nous pouvons conclure que dans l'état *actuel* de la sélénographie pratique, la Lune est rapprochée à six cents ou sept cents kilomètres de nos yeux par la photographie et à quatre cents environ par l'observation directe. (Les grossissements supérieurs à 1 000 ne gagnent rien, à cause de la diminution de la netteté.) Mais une supériorité incontestable de la photographie sur l'observation et le dessin, c'est qu'elle enregistre avec exactitude les choses, telles qu'elles sont, exactement à leur place, ce qui est la première condition de sécurité pour l'appréciation des changements qui pourraient encore s'opérer actuellement à la surface de notre satellite. C'est là un avantage capital. Et puis, comme il est facile d'étudier à loisir une photographie!

Une infériorité de la photographie, c'est le ton un peu trop foncé des images. Quel contraste avec la nature! Observez ce monde voisin aux environs du premier quartier et à l'heure du coucher du soleil : vous serez absolument émerveillés de sa beauté, de son éclat, de sa splendeur. Ces découpures du terminateur, ces dentelles, ces broderies, donnent l'impression d'un bijou d'argent lumineux, translucide, fluide, palpitant dans l'éther. Rien de beau, rien de pur, rien de plus céleste que ce globe lunaire planant dans l'espace silencieux et nous renvoyant comme en un rêve féerique l'illumination solaire qui l'inonde. C'est l'impression que je ressentais hier encore, en observant un grand cirque juste à demi découpé, et en suivant les progrès du soleil se levant sur l'horizon lunaire pour ces cimes argentées. Et je me disais qu'il est vraiment inconcevable que les 999 999 millionièmes des habitants de notre planète passent leur vie entière sans s'être jamais donné ce spectacle.

VÉNUS

L'ÉTOILE DU BERGER

Existe-t-il sur la Terre un grand nombre d'êtres humains qui n'aient jamais remarqué l'étoile éclatante, splendide, éblouissante, dont la beauté règne si souvent en souveraine dans le ciel du soir et brille d'un si merveilleux éclat, après le coucher de l'astre du jour? Non, sans doute. La radieuse planète s'impose à nos regards, tantôt comme étoile du soir, tantôt comme étoile du matin, et les yeux les plus inattentifs, les esprits les plus lourds et les plus matériels ne peuvent pas, semble-t-il, ne pas être frappés de cette magnificence sidérale. Les Européens, les Asiatiques, les peuples des deux Amériques, de l'Afrique et de l'Australie, la contemplent et l'admirent. Ceux que la civilisation moderne appelle sauvages et barbares ne sont probablement pas les derniers à l'avoir remarquée, et s'il y a sur notre globe des hommes et des femmes qui n'aient jamais rien vu de cette splendeur, il semble bien que c'est dans nos grandes cités affairées, dans nos rues monumentales de Paris, de Londres, de New-York, de Pékin et de toutes les villes populeuses, dans nos appartements calfeutrés et enfermés, que l'on pourrait plutôt rencontrer ces ignorants des spectacles célestes. Car, aujourd'hui comme aux jours d'Homère chantant les louanges de *Callistos Astèr*, comme aux jours d'Isaïe célébrant l'éclat de *Lucifer*, comme aux temps égyptiens des Pyramides invoquant l'*Oiseau d'Osiris*, elle brille pour tous les contemplateurs, elle étincelle à tous les regards ouverts sur le ciel, elle appelle l'admiration de tous les amis de la nature.

Avant même que le soleil ait disparu à l'horizon occidental, on peut trouver la radieuse planète dans les hauteurs du ciel, très élevée au-dessus du couchant, et les yeux perçants parviennent même à la découvrir en plein midi. Son éclat s'accroît à mesure que décroît celui du jour ; en même temps, elle descend lentement vers l'occident. Lorsque les ombres du crépuscule commencent à s'étendre sur la terre, l'astre de l'amour s'allume de plus en plus et rayonne de ses feux les plus intenses ; c'est comme un phare ardent, éternel, allumé dans l'Océan des cieux. Sa lumière est si vive qu'elle porte ombre. L'œil le plus indifférent, l'esprit le plus fermé aux conceptions scientifiques ou artistiques, ne peuvent s'empêcher d'être frappés par cette apparition, et l'ignorant le plus dépourvu de tout sentiment de curiosité se demande quelle est cette étoile solitaire qui brille d'un si splendide éclat dans le silencieux recueillement des soirs.

Au milieu de la vie agitée des villes modernes qui emportent, surtout actuellement, la plupart des hommes dans un tourbillon plus ou moins aveuglant, on remarque l'étincelante étoile du soir pour l'oublier aussi vite ; mais autrefois, dans le calme paisible des champs ou des cités antiques, lorsque la vie était moins rapide et plus vraie, les regards s'arrêtaient plus longtemps sur les divers spectacles de la nature, et une apparition telle que celle qui illustre notre ciel occidental était le sujet de toutes les pensées et de toutes les conversations. On se demandait quelle pouvait être cette étoile mobile qui semblait disputer sa lumière à celle du soleil lui-même ; on avait remarqué qu'elle ne s'écarte jamais beaucoup de l'astre du jour, et l'on avait expliqué ses périodes d'apparition et de disparition par un mouvement autour du soleil. Sa splendeur, sa beauté, son éclat si doux dans la clarté évanouissante du crépuscule, la blancheur de sa lumière à la nuit tombée, sa souveraineté dans le ciel du soir, à l'heure du repos, des rêves, des confidences, ont insensiblement conduit à désigner l'astre charmant sous les noms les plus sympathiques. Vénus fut la première étoile admirée, chérie, vénérée, redoutée même. Elle est la plus ancienne et la plus populaire des divinités antiques. Dès les âges primitifs, l'heure où s'allume son limpide regard était attendue par la fiancée, qui associait la belle planète aux plus doux sentiments de son cœur. Que de serments éternels, mais éphémères, cette blanche étoile n'a-t-elle pas reçus au milieu du silence des tièdes soirées printanières, à l'heure où les derniers souffles de l'atmosphère parfumée glissent comme un frisson à travers les champs et les bois !

La génération des langues ressemble un peu à celle des choses. Les mots sont nés des impressions et ont personnifié des associations d'idées. Vénus est devenue tout naturellement la déesse de la beauté et de l'amour, blanche comme la lumière, parfaite en sa forme comme une émanation du ciel, souveraine comme l'étoile qui domine le monde. Plus proche du soleil, plus rapide, plus ondoyant, Mercure était un messager du soleil en perpétuel voyage, les ailes aux pieds, et, plus tard, dieu du commerce, de l'industrie, de la navigation, de la recherche sacrée, de la médecine. Mars, aux rayons rouges, actif en sa marche céleste, symbolisait la guerre, les combats, le sang versé. Calme et majestueux en son cours le long des constellations, Jupiter devint le dieu suprême régissant l'ordre général du monde. Et là-bas, le pâle Saturne, lent et sans éclat, personnifiait le Temps et le Destin. Ainsi, l'aspect même des astres commença la mythologie et toutes les religions.

Première étoile allumée dans le ciel, aussi blanche que la lumière, aussi belle que le jour, rayon divin des premières heures nocturnes, comment s'étonner que Vénus ait personnifié, dès l'adolescence du monde, la déesse de la beauté et de l'amour ! Si quelque Adam, quelque Ève, ont habité le paradis terrestre, l'étoile du matin et du soir n'a pu manquer de frapper leurs regards, et, depuis les temps mythologiques jusqu'en notre lamentable fin de siècle où les ailes de Cupidon semblent radicalement arrachées par la décadente littérature, c'est vers elle, vers cette beauté céleste, que se sont envolées les premières confidences des cœurs simples qui savaient aimer. Vénus reçut leur encens, et leur rendit en échange le rayonnement de sa lumière, qui féconde le monde et éternise la vie.

Étoile de l'amour! Comment ne le serait-elle pas?

L'éclatante et incomparable Vénus est bien l'éblouissante et irrésistible déesse des temps mythologiques, et la mythologie tout entière est bien l'expression imagée des aspects célestes et terrestres.

Comme on y sent l'immense et vrai poème de la nature! Le mystère de la nuit, les frémissements du crépuscule, la beauté lumineuse de l'aurore, la voix profonde des forêts et de l'Océan, le murmure des sources, la fécondité de la fleur et de la femme, la vie immense partout répandue : nos bons aïeux avaient tout peuplé d'âmes, esprits, génies, démons, divinités champêtres ou familiales, faunes des bois, nymphes des fontaines, fées des berceaux; oui, tout, jusqu'au silence des tombeaux représenté par deux doigts sur la bouche, tout parlait aux sens et à la pensée, mieux et avec plus de vérité que les hyprocrisies glaciales de notre civilisation artificielle et si souvent antinaturelle. Oui, en contemplant, ce soir, Vénus étincelant dans le ciel occidental, nous retrouvons en elle tous les attributs de la blonde Vénus mythologique, et nous lui disons avec le poëte :

Étoile de l'amour, ne descends pas des cieux !

Illusion charmante ! cette étoile du berger, dont la blanche lumière resplendit avec un éclat si limpide et verse du haut des cieux un divin rayon de beauté et de splendeur, ne possède en elle-même aucune lumière, aucune clarté. Elle est tout simplement une planète, une terre analogue à la nôtre, de mêmes dimensions à peu près, de même poids environ, diversifiée sans doute de continents et de mers, douée de climats variés, de saisons transitoires, gravitant comme nous autour du soleil en des années moins longues que les nôtres, et réfléchissant au loin dans l'espace la lumière que le soleil lui envoie.

La science n'a point diminué le charme de l'astre du soir. Si la fiction mythologique, née spontanément de l'aspect même de Vénus, s'est dissipée, comme un léger nuage, la réalité astronomique n'est ni moins belle, ni moins intéressante. Nous savons que cette éclatante planète est un monde comme le nôtre, presque absolument pareil au point de vue du volume, du poids, de la densité, environné d'une atmosphère plus dense que la nôtre ; nous savons qu'il gravite comme notre île flottante dans la lumière et la chaleur solaires, et que son éclat n'a pas d'autre cause que cette lumière réfléchie. Nous savons aussi que notre terre offre le même éclat vue de loin, et nous avons même quelques droits de penser que les habitants de Mars ont donné à notre planète toutes les qualifications que nous avons données à Vénus. Nous sommes aussi pour eux l'étoile du matin et du soir, l'astre des confidences et du mystère, et sans doute nous ont-ils élevé des autels. C'est une communication comme une autre entre les mondes, en attendant la véritable.

La lumière n'est-elle pas un pont céleste lancé dans l'immensité entre les mondes? Par elle ils se voient, ils se sentent, se connaissent, et, au lieu d'être une séparation, l'espace devient un lien entre eux tous. L'analyse de cette lumière nous permet de déterminer la constitution chimique de ces astres inaccessibles, qui communiquent en même temps de l'un à l'autre par cette mystérieuse loi de la gravitation universelle, en vertu de laquelle les terres du ciel s'attirent mutuellement à travers l'étendue et agissent constamment et réciproquement les unes sur les autres.

De toutes les planètes de notre système, Vénus est assurément celle qui ressemble le plus à la terre ; et nous avons quelque apparente raison de penser que ses habitants peuvent offrir avec nous une analogie organique plus complète que ceux de Mars, notre autre voisine, et que ceux de Jupiter et de Saturne — quelles que soient d'ailleurs les époques de leur existence, attendu que les mondes sont d'âges différents, de durées différentes, et peuvent ne pas être habités en même temps. Vénus, en effet, a sensiblement le même diamètre que la terre. Au lieu de mesurer 12 742 kilomètres de diamètre, ce globe en mesure 12 729. La différence est insignifiante. La superficie de Vénus est à peine inférieure à celle de notre planète, et il en est de même de son volume.

Oui, cet astre qui paraît si lumineux, vu de loin, est un monde comme le nôtre, bercé dans l'espace par les lois de l'attraction, éclairé par le même soleil, planète analogue à celle que nous habitons. Ce globe pèse un peu moins que le nôtre dans les balances de la mécanique céleste, et la densité des matériaux qui le composent est, par cela même, un peu moindre que celle des substances terrestres. La pesanteur y est également un peu moins intense qu'ici. En la pesant, on trouve, en effet, que sa masse totale n'est que les 787 millièmes de la nôtre. Vénus est plus légère que nous... Les mythologistes l'avaient deviné.

Il en résulte que la densité des matériaux qui la composent est également plus faible que celle des matériaux terrestres, dans la proportion de 1 000 à 807. La pesanteur à sa surface est également plus faible, dans la proportion de 1 000 à 802, c'est-à-dire qu'un corps qui pèse 1 000 kilogrammes sur notre planète n'en pèse que 802 à la surface de Vénus : 100 kilogrammes n'en pèsent que 80. Cette différence n'est pas énorme, surtout quand nous la comparons à la pesanteur sur Mars et sur la Lune : 1 000 kilogrammes terrestres n'en pèsent que 376 sur Mars et seulement 174 sur la Lune. Un être du poids de 70 kilogrammes sur la Terre n'en pèserait plus que 56 transporté sur Vénus, 26 sur Mars, et seulement 12 sur la Lune.

A ces points de vue, dimensions, densité et pesanteur, notre voisine Vénus ne diffère pas beaucoup, comme on le voit, de la planète que nous habitons. Elle en diffère un peu plus à l'égard de sa distance du Soleil et de la durée de son année. Celle-ci n'est que de 224 jours ou moins de huit mois. Sa distance au Soleil est de 108 millions de kilomètres, tandis que nous voguons à 149. Il en résulte que le Soleil est d'environ un tiers plus large en diamètre que vu d'ici, et envoie environ deux fois plus de chaleur et de lumière. C'est un

soleil deux fois plus étendu, plus chaud, plus lumineux que le nôtre, et la température peut y être
plus élevée que dans nos régions tropicales, si...
l'atmosphère ne s'y oppose pas.

Car c'est là une condition que l'on oublie trop
souvent. La constitution physique et chimique de
l'atmosphère joue un rôle plus considérable que la
distance au Soleil dans la production et dans la
distribution des températures. Une atmosphère
raréfiée et sèche, uniquement composée d'oxygène
et d'azote, dépourvue de vapeur d'eau, serait inca-
pable de conserver à la surface du globe la chaleur
reçue du Soleil : cette chaleur se perdrait constamment dans l'espace extérieur, et l'on aurait sur la
Terre entière le climat des cimes alpestres couronnées de neiges éternelles. Les sommets de
la Yungfrau sont à la même distance du Soleil que
les lacs et les vallées de la Suisse, et pourtant le
climat des premiers est inhabitable, tandis que
celui de ces paysages enchanteurs est aussi fertile
que délicieux. C'est la densité de l'atmosphère,
et c'est surtout la vapeur d'eau répandue dans
l'air, qui exerce l'influence la plus avantageuse :
une molécule de vapeur d'eau est 16 000 fois plus
efficace qu'une molécule d'air sec pour emmaga-
siner la chaleur solaire. Une atmosphère ainsi
constituée agit à la façon d'une serre ; elle

laisse arriver la chaleur solaire et ne la laisse plus sortir..

Sur Vénus comme sur la Terre, c'est donc la constitution de l'atmosphère qui règle la température. Avons-nous des notions précises sur cette atmosphère vénusienne?

Nous en parlerons tout à l'heure. Mais remarquons tout de suite que l'observation télescopique de la planète est très ingrate, surtout à cause de son vif éclat, et qu'on n'y distingue rien de sûr. Nos connaissances sont incomparablement moins avancées pour la planète Vénus que pour la planète Mars. Nous ne savons encore presque rien et ne marchons qu'à pas de tortue.

La raison est due à la difficulté des observations. D'abord, puisque Vénus circule autour du Soleil le long d'une orbite intérieure à la nôtre, les époques de sa plus grande proximité sont celles où elle passe entre le Soleil et nous. Son hémisphère éclairé est, naturellement, toujours tourné du côté du Soleil. Il en résulte pour nous des phases analogues à celles de la Lune. Plus Vénus s'approche de la Terre, plus son diamètre s'agrandit, mais aussi plus son croissant s'amincit, et moins nous voyons de sa surface. Au contraire, plus elle s'éloigne, plus sa phase s'élargit, plus son disque s'arrondit, mais, en même temps, plus elle se rapetisse. Ce sont là de déplorables conditions d'étude. Nous ne voyons jamais Vénus éclairée de face qu'en de très mauvaises conditions : car elle est de l'autre côté du Soleil relativement à la Terre, et réduite à sa plus petite dimension apparente, presque inobservable d'ailleurs, puisqu'elle est voisine du Soleil et à une distance considérable de nous.

Une seconde circonstance, non moins déplorable pour le succès de nos études, est que cette planète est entourée d'une atmosphère, environ deux fois plus dense, et beaucoup plus élevée que la nôtre. L'absorption de la lumière solaire par cette atmosphère est considérable. Déjà, sur la Terre, l'éclat du ciel en plein jour nous donne une idée de l'énorme quantité de lumière répandue dans l'air et réfléchie par ses molécules. Remarquons une grosse faute de la langue lorsqu'on nous dit que nous vivons *sous* le firmament. En réalité, nous vivons *dans* le firmament. Il est tout autour de nous, au-dessous de nous comme au-dessus, quand nous sommes en ballon ou à la cime des montagnes. Il nous enveloppe et nous pénètre. Or, cette atmosphère est imprégnée de lumière, qui nous est réfléchie par des rayons bleus, les autres couleurs du spectre solaire étant absorbées. Les expériences de photométrie, d'actinométrie et de calorimétrie s'accordent pour établir que notre atmosphère absorbe un tiers environ des rayons solaires qui arrivent à la planète : les deux tiers seulement atteignent la surface du sol, même pour un soleil zénithal. Un observateur qui, placé sur la Lune, par exemple, examinerait le disque terrestre dans le champ d'une lunette, serait loin de le voir aussi nettement que nous voyons la pleine Lune. La région centrale du disque aurait perdu les deux tiers de sa netteté, car l'atmosphère agirait comme un voile qui diminuerait d'un tiers la lumière reçue du Soleil par la surface, et qui la diminuerait d'un nouveau tiers dans la réflexion de la surface à l'œil de l'observateur. Puis, l'absorption s'accroissant avec l'obliquité, avec l'épaisseur atmosphérique, c'est-à-dire avec la distance au centre du disque, deviendrait si considérable que très certainement les configurations géographiques seraient complètement effacées dès la moitié de la distance au bord du disque.

Ce serait, en plus accentué, ce que nous observons déjà sur Mars.

Or, des observations parfaitement concordantes ont prouvé que l'atmosphère de Vénus est environ deux fois plus dense et beaucoup plus élevée que la nôtre. Nous devons donc admettre que, même si nous pouvions voir la planète en opposition, illuminée en plein par le Soleil, nous ne distinguerions presque rien de sa surface, dans l'hypothèse même d'un ciel parfaitement pur sur Vénus.

Mais nous venons de voir que, par suite des positions de la planète, nous ne l'observons jamais de face. De plus, rien ne nous porte à penser que son atmosphère soit dépourvue de nuages. Au contraire, l'analyse spectrale y a montré la vapeur d'eau, et sa grande proximité du Soleil ne peut être que favorable à une grande évaporation. De plus encore, cette planète nous offre toujours au télescope un éclat éblouissant, qui s'accorderait parfaitement avec la présence d'une couche de nuages perpétuellement étendue dans les hauteurs de son atmosphère et nous réfléchissant la majeure partie de la lumière solaire.

Ces diverses considérations nous montrent qu'il doit être extrêmement difficile de distinguer d'ici la surface de Vénus. C'est, en effet, ce que les observations prouvent de leur côté.

Aucun astronome n'a essayé de faire un dessin télescopique de Vénus sans remarquer la difficulté toute particulière d'être sûr d'un aspect quelconque.

Généralement, on n'aperçoit rien : Blancheur éblouissante; pas de taches du tout. C'est juste l'opposé de la Lune, de Mars, de Jupiter.

Lorsque, par extraordinaire, on croit voir quelque chose, c'est indécis, vague, douteux, souvent fugitif. Les dessins que l'on essaye d'en faire sont toujours trop accusés. J'ai, en ce moment, plusieurs centaines de ces dessins sous mes yeux (la figure ci-après représente l'un des meilleurs) : la phase, l'éclat du disque, l'indécision des taches, rendent toutes nos conjectures illusoires.

Si l'on parvient à être sûr d'une marque quelconque et qu'on la représente par le dessin, il arrive très souvent que plusieurs heures après, ou le lendemain, le surlendemain, huit jours, quinze jours après, on revoit à peu près le même aspect. On prend des croquis, lesquels s'accordent plus ou moins entre eux, et on se croit même autorisé à tracer un rudiment de carte géographique. (Nous avons, en moyenne, une nouvelle carte de Vénus tous les dix ans). En même temps, un autre astronome fait d'autres dessins, qui s'accordent également entre eux, mais qui bien souvent ne ressemblent pas à l'autre série.

De même, si vous comparez entre eux des dessins faits à différentes époques, par exemple ceux du siècle dernier avec ceux d'aujourd'hui, ils ne se ressemblent pas. En 1726, Bianchini a fait, sous le beau ciel d'Italie, un grand nombre de dessins et tracé une carte sur laquelle nous voyons des continents et des mers, configurations que l'auteur a

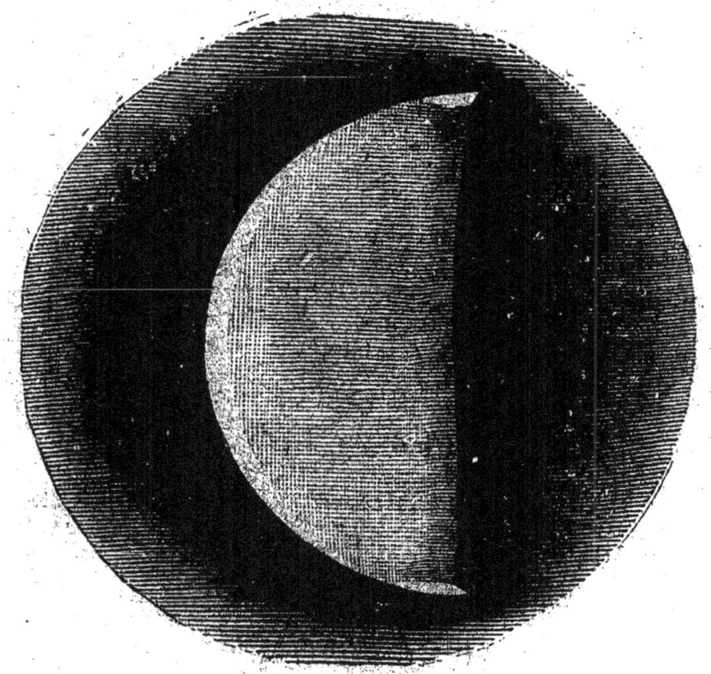

Aspect télescopique de Vénus.

considérées comme assez certaines et assez stables pour leur donner des noms, notamment ceux de Galilée, de Colomb, de Vespuce, du roi Emmanuel, etc. Cherchez ces aspects dans les dessins modernes, vous ne les retrouvez plus.

Pour la Lune, pour Mars, pour Jupiter, au contraire, les aspects généraux se retrouvent facilement dans les plus anciens dessins.

Ainsi, d'une part, il y a une différence essentielle entre Vénus et les autres planètes : c'est que l'on ne voit rien de sûr, de stable, de perpétuel, sur son disque. Et, d'autre part, les conditions dans lesquelles Vénus se présente à la Terre, l'absorption de la lumière par son atmosphère, et les nuages qui doivent s'y étendre presque constamment, s'opposent précisément à ce que nous puissions, en général, rien distinguer à sa surface.

Si nous examinons avec soin les travaux qui ont été faits depuis plus de deux siècles pour déterminer sa rotation, nous constatons qu'ils sont tous insuffisants pour conduire à aucun résultat.

Mais il n'en est pas de même pour son atmosphère, dont l'existence est certaine. Pendant les passages de Vénus devant le Soleil, en 1874 et 1882, au moment de l'entrée du disque noir de Vénus devant le disque lumineux du Soleil et au moment de la sortie, presque tous les observateurs disséminés dans les diverses parties du monde ont constaté que la section du disque de Vénus extérieure au bord solaire était dessinée par une mince bordure, par une pâle auréole de lumière. Cette bordure, cette auréole, c'était l'illumination de l'atmosphère de Vénus par le Soleil,

situé au delà, et devant lequel la planète se projette.

L'on a pu découvrir cette illumination de l'atmosphère de Vénus en dehors des époques des passages devant le Soleil. Lorsque la planète se rapproche suffisamment de l'astre radieux, à l'une ou
l'autre de ses révolutions, on est parvenu, plusieurs fois déjà, à découvrir le tour entier du
disque planétaire et à voir Vénus sous forme d'un
anneau lumineux. C'est ce que M. Lyman a observé, aux États-Unis, dès l'année 1866, et a renou-
velé en 1874. M. Noble a fait la même observation
en Angleterre. Récemment encore, à l'Observatoire
du mont Hamilton, M. Barnard a de nouveau
réussi à voir l'anneau presque complet.

Le résultat général des mesures prises sur cette
manifestation optique de l'atmosphère vénusienne
est que la réfraction horizontale, par conséquent
la densité de cette atmosphère, est beaucoup plus
forte qu'ici, dans la proportion de 189 à 100.
C'est-à-dire que *l'atmosphère de Vénus doit être
presque deux fois plus dense que la nôtre.*

Nous ne pouvons pas espérer obtenir de Vénus
aussi rapidement que de Mars les éléments d'observation conduisant à la connaissance de son
état physique au point de vue de l'habitabilité. Il
est à peine douteux que Mars soit actuellement

habité par des êtres plus avancés que nous, moins lourds et sans doute plus intellectuels. L'âge de la planète, antérieure à la nôtre, son développement plus rapide, sa densité et sa pesanteur plus faibles, son atmosphère généralement transparente, ses saisons analogues aux nôtres en intensité, ses années plus longues, ses climats — non moins chauds malgré la distance, puisque nous voyons ses neiges polaires fondre, chaque été, plus complètement même que sur la Terre — son système de géographie, si merveilleusement entrecoupé de mers intérieures et d'innombrables rivages, et ces canaux encore énigmatiques qui mettent en communications toutes les mers martiennes les unes avec les autres, tous ces éléments déterminés aujourd'hui par l'observation directe conduisent à considérer Mars comme un monde plus avancé que le nôtre dans les phases de son histoire, et probablement habité par une humanité supérieure à la nôtre et sans doute fort différente, dont les œuvres industrielles ne sont peut-être pas étrangères à l'aspect réticulé si extraordinaire de ses continents. Mais Vénus, au contraire, nous apparaît comme un monde assez semblable au nôtre, et moins avancé encore, soumis à un régime météorologique violent et inconstant.

Il doit se produire là des orages, des tempêtes,

des ouragans, des pluies, des grêles, des neiges, dont les intempéries des saisons terrestres ne peuvent donner qu'une faible idée. Ce monde qui nous paraît si calme, si pur, si tranquille dans le silence des soirs ou dans l'éveil des matins tout remplis de chants d'oiseaux, est, selon toute probabilité, le siège de perpétuelles tourmentes, de troubles incessants dans son atmosphère, et peut-être de guerres effroyables entre ses habitants, animaux ou humains. Peut-être est-il à peine parvenu à l'âge de la pierre et se débat-il encore dans les luttes de la barbarie primitive.

Fontenelle nous parle quelque part d'un monde privé de Lune, mais dans lequel les rochers composés de phosphore emmagasineraient la lumière solaire et la renverraient pendant la nuit en s'allumant de mille couleurs variées. Je crois même qu'il y ajoute des vers luisants et des phalènes volant comme des feux dans l'atmosphère tiède et presque chaude — je n'ose pas dire électrisée, car l'ingénieux écrivain n'a pas connu l'électricité. — Bernardin de Saint-Pierre nous représente les paysages de Vénus ornés de plantes tropicales aux fruits magnifiques, peuplés de colibris au brillant plumage, de tourterelles et d'amoureux; des lacs tranquilles réfléchissent l'azur des cieux, et des êtres ravissants de forme et d'agilité s'y disputent, à la nage, des prix que la volupté couronnera. Ce serait fort beau. Nous ne pouvons encore rien affirmer. Il y a là peut-être des étés trop chauds, des hivers trop rudes, des misères physiques et morales, même de déplorables perfidies, grandes et petites, masculines et féminines. Mais nous pouvons penser que la Nature a su ou saura approprier à cette habitation, quelle qu'elle soit, des êtres organisés pour y accomplir leur destinée.

VOYAGE A LA PLANÈTE MARS

La Nuit noire et silencieuse a été la vraie lumière et la vraie parole. Sans la nuit nous ne saurions rien. C'est grâce à elle que nous connaissons l'univers et les lois qui le régissent. Sans elle, nous aurions continué d'habiter un monde inconnu, sans nous douter de sa véritable nature, sans pouvoir deviner sa forme, ses mouvements, sa position dans l'espace, sans jamais savoir que la Terre est une planète, que d'autres, ses sœurs, appartiennent au même système, qu'il y a des millions de soleils, des millions de systèmes, que notre fourmilière n'est qu'un point dans l'infini, que l'humanité terrestre n'est qu'une partie infinitésimale de la création. Sans l'Astronomie, l'humanité végéterait à l'état de race ostréique au fond de l'océan atmosphérique, dans l'impossibilité absolue d'acquérir aucune notion exacte sur la réalité; et l'Astronomie ne serait jamais éclose au fond de cet océan aérien, si le voile du jour, qui nous cache les étoiles et tout l'Univers, n'avait été écarté par les mains de la Nuit.

Il semble que la nature ait conscience de la valeur de ces heures divines du soir, qui succèdent aux agitations vulgaires du jour et nous révèlent les splendeurs de l'infini. Tout se tait autour de nous. La dernière note de l'oiseau qui va s'endormir s'est envolée dans la brise flottante des bois, le coucher du soleil a éteint ses dernières gloires, l'étoile du soir rayonne dans les lueurs de l'occident et semble veiller sur le sommeil de la nature; insensiblement, les étoiles, phares de l'immensité, s'allument dans l'océan des cieux, et bientôt la sphère constellée déroule devant nos yeux les pages du livre éternel. La Nuit plane dans les hauteurs éthérées, elle règne sur le monde et nous invite à la contemplation.

Depuis que l'humanité existe, les contemplateurs, les penseurs, les chercheurs observent le ciel étoilé et lui demandent le secret de la grande énigme. Mais les progrès réels de l'astronomie ne datent que de l'invention des instruments d'optique, qui ont doté l'organisme humain d'un œil nouveau incomparablement supérieur à celui dont la nature nous a gratifiés. Cet œil nouveau vient pour ainsi dire d'être transformé en ces dernières années par les développements rapides des méthodes d'observation. La science et l'art ont, par une rivalité féconde, transporté l'homme sur des cimes réputées naguère encore inaccessibles.

L'astronomie physique a fait depuis quelques années des progrès si rapides, que ce qui n'était qu'un rêve il y a moins d'un quart de siècle est devenu réalité. D'une part, les instruments d'optique ont été sensiblement perfectionnés, non point parce que les plus gigantesques comme volume ont de beaucoup dépassé leurs aînés, mais parce que les objectifs de moyenne grandeur ont gagné en netteté et en puissance de définition. D'autre part, les observateurs se sont engagés avec une patience énergique et une persévérance infatigable en des recherches minutieuses qui les ont conduits à la découverte de secrets de la nature restés cachés jusqu'à nos jours. Parmi ces études, celle de la constitution des mondes qui composent notre système planétaire, a été l'objet des recherches les plus heureuses, et parmi les différents mondes de notre archipel solaire, la planète Mars a permis au regard terrestre de pénétrer intimement dans son organisation et de deviner une partie des choses qui s'accomplissent à sa surface. En nous transportant un instant sur une terre voisine de la nôtre, nous entrons en relation plus directe avec la nature dans le sein de laquelle vivent les mondes et les êtres, et nous apprenons à mieux connaître l'Univers dont nous faisons partie intégrante.

Les habitants de la Terre commencent enfin à s'occuper un peu du Ciel. Cessant de vivre en aveugles et en étrangers dans leur propre patrie, ils commencent à savoir que le monde sur lequel ils s'agitent est une planète gravitant autour du Soleil, et que d'autres planètes-sœurs se balancent en même temps qu'elle dans les harmonies du système solaire. On parle maintenant de Mars, dans le public, comme on parle politique ou socialisme. En Amérique aussi bien qu'en Europe, à Buenos-Ayres, à Mexico ou à Caracas, comme à Paris, à Milan, à Saint-Pétersbourg, à Budapest ou à Stockholm, on s'informe des dernières investigations télescopiques, on sait que les astronomes ont les yeux sur Mars et qu'ils y ont observé récemment des projections lumineuses dont l'explication les préoccupe. On s'est souvenu que des lignes droites faisant songer à des canaux y sont régulièrement observées et que la question des habitants possibles de cette terre du ciel et d'une communication future avec eux a été agitée. On questionne, on répond, on discute, on s'embrouille un peu, on fait des confusions bizarres, on exagère, mais enfin on s'intéresse à ces hautes questions qui transportent un instant au-dessus des vulgarités de la vie ordinaire, et l'instruction générale avance quelque peu dans la connaissance de l'Univers. C'est le principal.

Ce développement si remarquable de la curiosité publique s'explique facilement par les merveilleuses conquêtes de l'astronomie contemporaine et par l'admirable précision de certains résultats obtenus. A moins d'avoir une pierre à la place du cœur et un paquet de graisse à la place du cerveau, il serait difficile de ne pas ressentir quelque émotion devant la puissance de la science. Si nous déclarons, par exemple, que nous connaissons mieux l'ensemble de la géographie de Mars que l'on ne connaissait naguère encore celle de notre propre globe, l'auditeur ou le lecteur est d'abord porté à quelque scepticisme. Mais si nous lui montrons, soit dans un instrument, soit sur un dessin, les neiges du pôle nord ou du pôle sud de Mars, il constatera qu'il serait impossible à qui que ce fût d'en faire autant pour la Terre,

et saura ainsi avec évidence que nous connaissons mieux ces régions que les nôtres. C'est déjà
là un fait digne d'intérêt; mais nous pouvons
aller un peu plus loin.

Ce n'est pas seulement le pôle, ce sont toutes
les contrées environnantes qui sont mieux connues pour Mars que pour la Terre, non seulement
au point de vue géographique, mais encore au
point de vue météorologique. Ainsi, par exemple,
nous pouvons presque constamment mesurer
l'étendue des neiges polaires et nous constatons
qu'elle varie avec les saisons. Nous voyons fondre
ces neiges, éclairées et échauffées par le soleil,
très rapidement, de jour en jour pour ainsi dire, en
un été deux fois plus long que le nôtre. Ces neiges
fondent presque entièrement, et il ne reste qu'un
peu de glace sur un pays que nous connaissons et
qui représente le pôle du froid, à 340 kilomètres
du pôle géographique austral. Aucun de ces détails
n'est connu pour la Terre, et peut-être même les
habitants de Mars en sont-ils ignorants, s'ils n'ont
pu atteindre leurs pôles. Cependant, puisque la
mer y est libre à la fin de l'été, ils sont en de
bien meilleures conditions que nous pour l'explo-
ration de leurs régions polaires.

Nous pouvons remarquer aussi qu'en général la
météorologie et la climatologie de Mars sont mieux

déterminées que celles de la Terre. Au moment où vous lisez ces lignes, vous ignorez, et personne ne pourrait vous l'apprendre, quel temps vous aurez demain. Eh bien, nous savons presque sûrement d'avance quel temps il fera demain, la semaine ou le mois prochains, dans tel ou tel pays de Mars ; si nous n'attendons pas l'hiver, nous savons qu'il y fera beau. On n'aperçoit, pour ainsi dire, jamais un nuage entre l'équinoxe de printemps et l'équinoxe d'automne, ni dans les régions équatoriales, ni dans les régions tempérées, ni même dans les régions circompolaires. Lorsque nous ne pouvons pas faire au télescope un dessin de Mars, l'obstacle ne vient presque jamais de son atmosphère, constamment pure et transparente, mais de la nôtre, si souvent couverte ou troublée. Toutes les configurations géographiques, mers, rivages, îles, presqu'îles, embouchures de fleuves ou canaux, sont dessinées avec précision : nous savons d'avance quelle est la contrée qui va passer dans le champ de la lunette et la durée de la rotation de la planète est connue *à un centième de seconde près !* Elle est de 24 heures 37 minutes 22 secondes 65 centièmes.

Nous savons aussi que l'année de Mars est de 59 355 044 secondes, c'est-à-dire de 686 jours

23 heures 30 minutes 41 secondes. Mais comme ce monde tourne sur lui-même un peu plus lentement que le nôtre, il n'y a que 668 de ses jours dans son année. En fait, le calendrier des habitants de Mars se compose de deux années consécutives de 668 jours et d'une année bissextile de 669. De même que chez nous, il n'y a pas un nombre exact de jours dans l'année martienne. On aura dû aussi réformer plus d'une fois le calendrier sans le rendre parfait. Mais on peut espérer qu'ils ne sont pas aussi illogiques que nous, qui appelons septième, huitième, neuvième et dixième mois de l'année les neuvième, dixième, onzième et douzième mois; qui ne savons pas nous entendre pour les dates, la Russie n'arrivant au 1er janvier que quand le reste du monde civilisé est au 13; qui avons trois espèces de jours : le civil qui commence à minuit, l'astronomique qui commence au midi suivant, et le nautique qui commence au midi précédent; qui n'avons aucune heure exacte, puisqu'elles sont comptées de méridiens de convention, et qui n'avons pas encore pu nous entendre pour partir d'un méridien unique. Étant, selon toute probabilité, plus avancée que la nôtre dans son âge planétaire, l'humanité martienne doit être un peu plus raisonnable et n'être plus empêtrée dans les mesquineries de frontières,

de dialectes, de douanes, de rivalités -natio-
nales, etc. Sans doute ne forme-t-elle depuis
longtemps qu'une seule et même unité.

L'une des observations les plus curieuses qui
aient été faites sur ce monde voisin, ou, pour
mieux dire, l'une de celles qui ont été l'objet de
plus de dissertations (à part les canaux), c'est assurément celle des projections lumineuses. On a
écrit que ces projections se montrent au bord du
disque, en dehors. Ce n'est pas exact : elles se
montrent sur la ligne qui sépare l'hémisphère
éclairé par le soleil de l'hémisphère non éclairé,
ligne appelée le terminateur. On ne les aperçoit
que lorsque le globe de Mars offre une phase sensible, et le long de cette ligne du terminateur.

C'est un léger renflement, une petite boursou-
flure ou proéminence sur le terminateur. Ce n'est
pas là une observation plus extraordinaire que
celle des irrégularités du bord lunaire en certaines
phases : le soleil éclaire, soit après son coucher,
soit avant son lever, des cimes de montagnes
dont la base n'est pas éclairée, et ces cimes apparaissent parfois, sur la Lune, comme des points
lumineux détachés du disque. Des imaginations
un peu trop fantaisistes ont parlé à ce propos de
forêts en feu, de signaux adressés par les Martiens.

C'était aller un peu vite en besogne et se laisser emporter par la folle du logis. La possibilité de l'habitation actuelle de Mars par une espèce humaine plus intelligente que la nôtre se présente à nous comme une conclusion toute naturelle des observations. On peut également admettre, sans hérésie scientifique, que les canaux de Mars soient des fleuves rectifiés dans un but intentionnel de distribution des eaux devenues rares sur la planète. Les astronomes qui nient ces possibilités font preuve d'une singulière pauvreté d'esprit. Mais ce n'est pas une raison, à l'opposé, pour s'imaginer ne plus voir sur ce monde voisin que des manifestations humaines. Entre plusieurs explications d'un phénomène observé, c'est toujours la plus simple qui doit être préférée. Dans le cas des projections lumineuses sur la ligne du terminateur, l'illumination par le soleil de cimes de montagnes ou de nuages élevés suffit pour en rendre compte.

Ce qui faisait reculer devant cette explication, c'était la hauteur de 60 000 mètres qu'un astronome avait trouvée pour l'élévation de ces points lumineux. J'ai refait le calcul et n'ai trouvé que 4 500 mètres. Ces montagnes ne seraient donc pas plus élevées que le Mont-Blanc, et moins peut-être. Remarquons aussi que l'on aperçoit ces projections lumineuses presque chaque fois que la planète revient aux mêmes conditions d'illumination solaire par rapport à la Terre : on les a observées en 1890 et 1892 comme en 1894 et en 1896. Les régions où elles apparaissent sont une sorte d'île appelée Noachis, une autre appelée l'Hespérie et une troisième nommée Tempé. Selon toute apparence, il y a là de la neige, et ces hautes montagnes surtout en sont couvertes.

L'époque à laquelle les habitants de Mars pourront communiquer avec nous n'est pas encore arrivée pour nous, et peut-être cette époque est-elle passée pour eux. Ils peuvent l'avoir vainement essayé, sans que nous y répondions [1].

Toutes les études cosmologiques s'accordent pour nous présenter cette planète comme antérieure à la nôtre, puisqu'elle est plus éloignée du Soleil, et comme ayant parcouru plus rapidement les phases de sa vie astrale, puisqu'elle est plus petite et plus légère. Il nous est impossible d'imaginer quelles formes les êtres vivants ont pu y revêtir ; mais il nous est impossible de prétendre, d'autre part, que les forces de la nature, qui sont là les mêmes qu'ici et qui s'y exercent à peu près dans les mêmes conditions (atmosphère, climats, saisons, vapeur d'eau, etc.), aient été rendues

1. Voir à l'Appendice : *Moyens de communication avec les planètes.*

stériles par un miracle perpétuel d'anéantissement, tandis que sur la Terre la coupe de la vie déborde de toutes parts et que la force génératrice des êtres surpasse partout immensément la vitalité réelle et durable. Mais quelle que soit la forme de l'humanité martienne, ces frères du ciel doivent nous être supérieurs, pour plusieurs raisons. La première est qu'il serait difficile à une espèce humaine d'être moins intelligente que la nôtre, puisque nous ne savons pas nous conduire et que les trois quarts de nos ressources sont employées à nourrir des soldats : l'Europe seule dépense pour cela 8 milliards par an, soit 22 millions par jour, et comme elle ne peut arriver à faire face à cette dépense par ses ressources normales, elle fait des emprunts et est actuellement endettée de 121 milliards. Sans parler du reste, ce seul exemple suffit pour donner une idée de notre état de barbarie et de stupidité.

La seconde raison est que le progrès est une loi absolue, à laquelle rien ne résiste. Si donc les habitants de Mars ont commencé par l'enfance, les siècles leur ont donné l'âge de raison, et leur état actuel peut représenter ce que sera notre humanité dans plusieurs millions d'années. Une troisième circonstance en leur faveur est qu'ils sont mieux placés que nous pour se dégager plus vite des lourdeurs de la matière. Sur ce monde, la densité d'un mètre cube d'eau, de terre ou d'autre chose n'est que les sept dixièmes de ce qu'elle est ici, et la pesanteur n'est que les trente-huit centièmes : un kilogramme transporté sur Mars n'y pèserait que 376 grammes, et un homme ou une femme du poids de 70 kilogrammes n'y en pèseraient que 26. D'autre part, les années y sont près de deux fois plus longues que sur notre île mouvante. Enfin, les conditions climatologiques y paraissent beaucoup plus agréables. Ce sont là autant d'avantages en faveur des Martiens.

Si donc ils ont eu l'idée de nous adresser des signaux, ce n'est probablement pas d'aujourd'hui. Il n'y a aucune raison pour qu'ils y pensent en même temps que nous et nous aient attendus. Peut-être l'ont-ils essayé il y a deux ou trois cent mille ans, avant l'apparition de l'homme, au temps de l'ours des cavernes, du mammouth et de l'hipparion. Peut-être même se sont-ils adressés à notre planète au temps de l'ignanodon et des dinosauriens. Peut-être ont-ils recommencé il y a deux ou trois mille ans seulement. N'ayant jamais reçu aucun signe de vie, ils en auront conclu que les habitants de la Terre, ou n'existent pas, ou s'occupent de tout autre chose que de l'étude de l'Univers et de la recherche des vérités éternelles.

C'était vrai hier et... c'est encore vrai aujour-
d'hui.

Arrêtons-nous maintenant sur un sujet assez
curieux, sur *la circulation de l'eau dans l'atmosphère de Mars*.

La circulation de l'eau à la surface de la Terre
est l'agent essentiel de la vie terrestre. Tous les
êtres sont essentiellement composés d'eau (le corps
de l'homme lui-même en renferme encore
70 p. 100) ; tous ont besoin d'eau pour vivre.
Nous n'avons pas le droit d'affirmer, pourtant,
qu'il en soit de même sur tous les autres mondes
de l'Univers. L'étude de la nature nous apprend à
être réservés dans nos affirmations, car elle nous
montre que cette nature est infinie dans la variété
de ses productions. De ce qu'un monde serait
absolument dépourvu d'eau, ce ne serait pas une
raison suffisante pour nous de le déclarer inhabité.
N'enfermons pas nos conceptions dans une
coquille de noix. L'homme privé d'oxygène meurt.
Il y a sur notre petite planète même des êtres que
l'oxygène tue.

Cependant, les mondes d'un même système planétaire ont entre eux des affinités d'origine, surtout quand ils sont voisins, comme Mars et la
Terre. Nous observons sur Mars des neiges polaires qui sont très étendues à la fin de chaque hiver

et sont presque entièrement fondues à la fin de chaque été. Ces neiges sont-elles formées de la même eau chimique que la nôtre ? C'est possible, et c'est même probable.

Qu'est-ce que l'eau ? Du protoxyde d'hydrogène. Or, l'oxygène et l'hydrogène sont partout répandus et se présentent en quelque sorte comme des éléments primordiaux. Nous pouvons penser que la combinaison de ces deux éléments s'est produite sur Mars et sur Vénus comme sur la Terre, car toutes les observations concordent en faveur de cette conclusion. Cependant, ce pourrait être une autre espèce d'eau, un autre liquide.

De plus, les *états* de l'eau diffèrent d'un monde à l'autre, suivant la température, la pression atmosphérique, la dimension de la planète, la distribution de ses climats, son état géologique et géographique, sa densité, etc., etc. L'observation nous conduit à la conclusion que la circulation de l'eau ne s'opère pas du tout à la surface de Mars suivant les lois qui la régissent à la surface de la Terre[1].

Ici, le mécanisme est assez simple. Les trois

---

1. En ce qui concerne Mars, nous employons le mot *eau* dans le sens général d'élément, prenant tour à tour la forme de liquide, de vapeur, de nuage, de neige, sans rien affirmer de la nature chimique.

quarts du globe sont couverts d'eau, l'évaporation est considérable, l'atmosphère est dense, la chaleur solaire enlève perpétuellement une grande quantité d'eau à la surface des mers, l'élève à l'état de vapeur invisible jusqu'à une certaine hauteur, où elle se condense en nuages et où des vents assez puissants, dus précisément à la densité de notre atmosphère, transportent ces nuages au-dessus des continents. En se résolvant en pluies, ou en neiges, la vapeur d'eau ainsi transportée donne naissance aux sources, aux ruisseaux, aux rivières et aux fleuves, et ramène à la mer l'eau qui en avait été enlevée.

On peut évaluer à 721 trillions (721×10^{12}) de mètres cubes le volume d'eau transporté ainsi annuellement par l'amosphère. C'est environ la 4 400ᵉ partie de la quantité d'eau totale des mers, laquelle est évaluée à 3 200 quatrillions de mètres cubes. Il faudrait quarante-quatre mille ans à tous les fleuves du monde pour remplir l'océan s'il était à sec. La chaleur solaire employée à produire ce travail de l'évaporation de la vapeur d'eau ainsi élevée à la hauteur moyenne des nuages pourrait fondre par an 11 milliards de mètres cubes de fer, c'est-à-dire une masse beaucoup plus considérable que le massif entier des Alpes ! En une année, chaque mètre carré de la surface de la Terre reçoit 2 318 157 calories ; c'est plus de 23 milliards de calories par hectare, c'est-à-dire 9 852 200 000 000 de kilogrammètres. La radiation calorifique du Soleil, en s'exerçant sur un de nos hectares, y développe, sous mille formes diverses, une puissance qui équivaut au travail continu de 4 163 chevaux-vapeur. Sur la Terre entière, c'est un travail de 510 sextillions de kilogrammètres ou de 217 316 000 000 000 de chevaux-vapeur !

Les conditions sont très différentes à la surface de Mars. Les mers martiennes n'occupent pas la moitié de l'étendue du globe. La chaleur reçue du Soleil y est moindre, la distance étant de 1,52, c'est-à-dire d'environ moitié plus grande que celle de la Terre, et la quantité de chaleur étant de 0,43, soit plus de moitié moindre qu'ici. Mais, d'autre part, l'année est près de deux fois plus longue : 1,88, ou de 687 jours. La chaleur accumulée sur un hémisphère pendant l'été peut fort bien suffire pour fondre une couche de neige assez épaisse, quoique sur la Terre, plus rapprochée du Soleil, les six mois de saison estivale n'y suffisent pas. Quand la neige commence à fondre, une petite quantité de chaleur nouvelle suffit souvent pour compléter la fusion.

Nous devons maintenant considérer un second point de la plus haute importance.

Notre atmosphère terrestre est très lourde. Au niveau de la mer, la pression atmosphérique fait équilibre à une colonne de mercure de $0^m,760$. Elle est de 1 033 grammes par centimètre carré, ou de 103 kilogrammes par décimètre carré, ou de 10 330 kilogrammes par mètre carré. Or la surface totale du globe est d'environ 510 millions de kilomètres carrés. L'atmosphère entière pèse donc 5 quintillions 268 quatrillions de kilogrammes. C'est un peu moins de la millionième partie du poids du globe terrestre.

L'atmosphère martienne est incomparablement plus légère. La pesanteur à la surface de Mars étant beaucoup plus faible qu'à la surface de la Terre (0,376), tous les corps y pèsent moins dans la même proportion, et l'atmosphère est dans ce cas. Si chaque mètre carré de la surface de Mars supportait la même atmosphère que la nôtre, la pression de cette atmosphère serait réduite dans la proportion précédente, c'est-à-dire que le baromètre, au lieu d'être à 760 millimètres au niveau de la mer, ne serait qu'à 286 millimètres. C'est la pression que nous trouvons en ballon à 8 000 mètres de hauteur, et c'est celle des montagnes les plus élevées. Au sommet du Mont-Blanc, la pression est de 424 millimètres.

Il est bien certain que l'atmosphère de Mars

n'est pas analogue à la nôtre et que l'eau n'y est pas dans les mêmes conditions : car la surface de la planète se trouverait ainsi au-dessous de la ligne du zéro de température, même sans tenir compte de la plus grande distance au Soleil, et nous aurions devant les yeux un globe de glace, ce qui n'est pas. Nous voyons, au contraire, sur Mars les neiges parfaitement limitées, et ces limites varier avec la température, et si l'on considère un hémisphère martien pendant son été, il a moins de neige que nous à son pôle. Celles que l'on aperçoit de temps à autre en certains points des régions tempérées sont également fondues.

Nous devons donc penser, d'après les observations comme d'après le calcul, que l'atmosphère de Mars est moins dense que la nôtre, qu'il s'y forme moins de nuages, que les courants y ont moins d'intensité, que le vent n'y est jamais très fort, que les tempêtes en sont absentes. Les conditions de densité et de pression sont très différentes de ce qu'elles sont ici. L'évaporation doit y être facile et rapide ; le point d'ébullition y est sans doute vers 46° au lieu de 100°. Le point 0°, auquel l'eau se solidifie, n'est pas le même qu'ici. L'atmosphère ne doit pas être, chimiquement ni physiquement, la même. La température moyenne peut y être plus élevée que sur la Terre. Les effets observés correspondent à un degré de chaleur ambiante plus élevé relativement aux conditions réunies.

On sait que notre atmosphère agit comme une serre pour conserver la chaleur reçue du Soleil et empêcher sa déperdition dans l'espace ; mais ce n'est pas l'air proprement dit, le mélange d'oxygène et d'azote, qui possède cette propriété ; c'est la vapeur d'eau. Une molécule de vapeur d'eau ést 16 000 fois plus efficace qu'une molécule d'air sec pour conserver la chaleur solaire reçue. L'eau n'est pas le seul corps qui jouisse de cette propriété. Les vapeurs des éthers sulfurique, formique, acétique, de l'amylène, de l'iodure d'éthyle, du chloroforme, du bisulfure de carbone, sont dans le même cas. L'atmosphère de Mars, toute raréfiée qu'elle est, certainement, peut tenir en suspension des vapeurs de ce genre et conserver à la surface de la planète une température égale ou même supérieure à la température moyenne de la Terre.

Mais il est à peine nécessaire d'imaginer autre chose que de l'eau analogue à l'eau terrestre, puisque les neiges ressemblent tellement aux nôtres dans leur envahissement hibernal, dans leur fusion estivale, et dans les inondations dont cette fusion est suivie, que nous pouvons les regarder comme à peu près semblables aux nôtres.

Ce qui diffère, c'est le mode de circulation.

Sur Mars, l'évaporation des mers ne donne pas naissance, comme chez nous, à des nuages, des pluies, des sources et des rivières.

Aucune des grandes lignes ressemblant plus ou moins à des cours d'eau que nous observons sur Mars ne commence en terre ferme. On ne voit que des canaux allant d'une mer à l'autre. Chaque canal commence et finit ou dans une mer, ou dans un lac, ou dans un autre canal, ou enfin à l'intersection de plusieurs autres canaux ; mais chacun d'eux n'a jamais été vu arrêté au milieu des terres, ce qui est de la plus haute importance. De plus ils se croisent sous tous les angles possibles.

D'autre part, les nuages sont excessivement rares à la surface de Mars, et peut-être ne sont-ce que des brumes, ou de légers cirrus. Ce ne sont pas des nuages de pluie ou d'orage. Lors d'une des dernières oppositions de Mars, en 1894, à l'Observatoire de Juvisy, où nous avons pour ainsi dire constamment les yeux fixés sur cette planète, elle s'est montrée, comme d'habitude, perpétuellement claire, à l'exception du 10 octobre et des jours suivants, pendant lesquels j'ai constaté que la mer Cimmérienne et la mer Tyrrhénienne sont restées masquées par un voile de nuages. Ces voiles sont fort rares, tandis qu'ils sont perpétuels sur la Terre. Il n'y a peut-être pas un seul jour par an où la surface entière de la Terre soit découverte et puisse être vue nettement de l'espace. Ce sont donc là deux régimes météorologiques absolument contraires.

De plus, dans l'atmosphère si raréfiée de Mars il n'y a pas de vents intenses. Rien d'analogue à nos vents alisés, ni aux régimes de vents prédominants qui régissent les climats terrestres. Quelquefois on a observé des traînées de neige fort longues paraissant produites par des courants dans une atmosphère tranquille (par exemple, M. Schiaparelli en novembre et décembre 1881) autour du pôle boréal s'étendant très loin. Mais ce sont là des exceptions. *L'état normal sur Mars, c'est le beau temps.*

Sans doute il ne faut pas nous abuser sur la précision de nos connaissances martiennes. Nous ne voyons pas tout ; nous n'avons jamais vu les fines ramifications que peuvent avoir les canaux ; nous ne connaissons pas la largeur des plus minces, ni le mécanisme de leurs dédoublements périodiques, et ce n'est que d'hier que nous sommes à peu près sûrs qu'ils transportent l'eau des mers d'un point à un autre. De plus, comme je l'ai déjà fait remarquer, la bordure de prairies qui accompagne sur la Terre les cours d'eaux de chaque côté, paraît les élargir pour un observateur placé dans la nacelle d'un ballon, qui pourrait facilement prendre ce ruban de prairie pour le cours d'eau lui-même. Il est possible que de la végétation suive immédiatemant l'arrivée des eaux. L'ignorance dans laquelle nous sommes de ces détails peut cacher tout un monde de réalités inconnues.

Peut-être, cependant, pouvons-nous essayer de nous former une idée de ce qui se passe là dans la circulation des eaux.

La fonte des neiges polaires donne presque toujours naissance à des inondations, sur d'immenses étendues, sur des centaines de milliers de kilomètres carrés. Les rivages des mers s'avancent au loin dans l'intérieur des terres, les canaux s'élargissent, de nouveaux canaux, souvent très larges, apparaissent, des îles, des presqu'îles, des portions de continent sont submergées. Tout nous prouve que la surface de la planète n'est qu'une immense plaine et que les montagnes y sont rares.

Les canaux peuvent être des rainures naturelles dues à l'évolution même de la planète, comme sur la Terre la Manche et le canal du Mozambique, ou des sillons creusés par les habitants pour la répartition des eaux, ou peut-être les deux, c'est-à-dire des formations naturelles rectifiées par l'intelligence. Nous n'essayerons pas de calculer, comme on l'a fait, le travail que représenterait la construction de ce réseau géométrique, car les conditions de la surface de Mars, nature des matériaux, densité, pesanteur, force musculaire, machines, état de l'humanité, sont tellement différents des conditions terrestres qu'il n'y a aucune analogie possible. Mais ce qu'il y a de certain, c'est que ces canaux servent à faire circuler les eaux et constituent un système hydrographique des plus ingénieux. On peut objecter que ce beau système n'empêche pas les inondations. Non. Mais il les règle. C'est une crue du Nil endiguée et dirigée..

L'inondation périodique causée à chaque été martien par la fonte des neiges est distribuée au loin par ce réseau de canaux qui constituent le principal mécanisme, si ce n'est le seul, par lequel l'eau et avec elle la vie organique peut être répandue à la surface de la planète. A cette époque, les canaux paraissent entourés d'une zone foncée, due sans doute à quelque genre de végétation. Les canaux de la région environnante deviennent en même temps plus sombres et plus larges et couvrent de vastes étendues. Les choses restent en cet état jusqu'au moment du minimum de la neige polaire. La fusion a cessé. La largeur des canaux diminue, les régions foncées s'éclairent et les continents redeviennent jaunes. Ce grand phénomène se produit dans toute la région comprise entre le pôle et le 60e degré de latitude et se renouvelle à chaque saison. Sur tout l'ensemble de la planète, le système des canaux n'est pas constant. Quand ils se troublent, que leurs contours deviennent douteux et mal définis, il semble que les eaux soient très basses ou même aient entièrement disparu. Il ne reste rien à la place du canal, ou plutôt nous voyons une raie jaunâtre différant très peu du terrain environnant. Dans les mois qui précèdent et dans ceux qui suivent la grande inondation boréale, vers l'époque des équinoxes, les canaux se dédoublent. Par suite d'une modification rapide, qui s'effectue en quelques jours, peut-être même en quelques heures, tel et tel canal se transforme sur toute sa longueur en deux lignes parallèles qui courent avec la précision géométrique de deux rails de chemin de fer, et suivant exactement la direction du canal primitif. Ces nouveaux canaux ont, comme les primitifs, des largeurs de 50 à 100 kilomètres et davantage, et sont séparés par un intervalle de 50 à 500 et 600 kilomètres. Y a-t-il là autre chose que de l'eau, par exemple une végétation rapide produite par l'humidité ? C'est possible. La couleur de ces lignes varie du noir au rouge et se distingue facilement du ton jaune des continents. L'espace intermédiaire est généralement jaune, parfois blanchâtre. La gémination se produit aussi dans les lacs, qui se fendent en deux.

Quelle que soit l'explication de ces faits inconnus à la Terre, nous pouvons conclure qu'à la surface de la planète Mars, l'eau circule, *non par un système de nuages, de pluies et de sources*, comme ici, mais *par la fonte des neiges polaires* et *par ces canaux horizontaux* et entre-croisés, qui les distribuent sur l'ensemble des continents. Puis elle s'évapore pour aller se condenser presque uniquement sur les zones polaires plus froides, qui la recueillent à l'etat de neige.

On aura une idée de l'aspect de ce globe par la figure ci-après, prise le 30 novembre 1896.

C'est là tout un autre monde, bien différent de celui que nous habitons, mais non moins vivant; plus mouvementé, plus agité à certains égards, d'un climat sans doute fort agréable par sa pureté constante et par l'absence de ces intempéries, pluies et tempêtes qui caractérisent si tristement la grande majorité des climats terrestres. Les jours y sont un peu plus longs que chez nous, les années y sont près de deux fois plus longues. C'est un pays intéressant.

Ce n'est pas ici le lieu de nous occuper de la question des habitants, non plus que de leur nature possible ou probable. Il semble, à première vue, que ces inondations périodiques doivent être

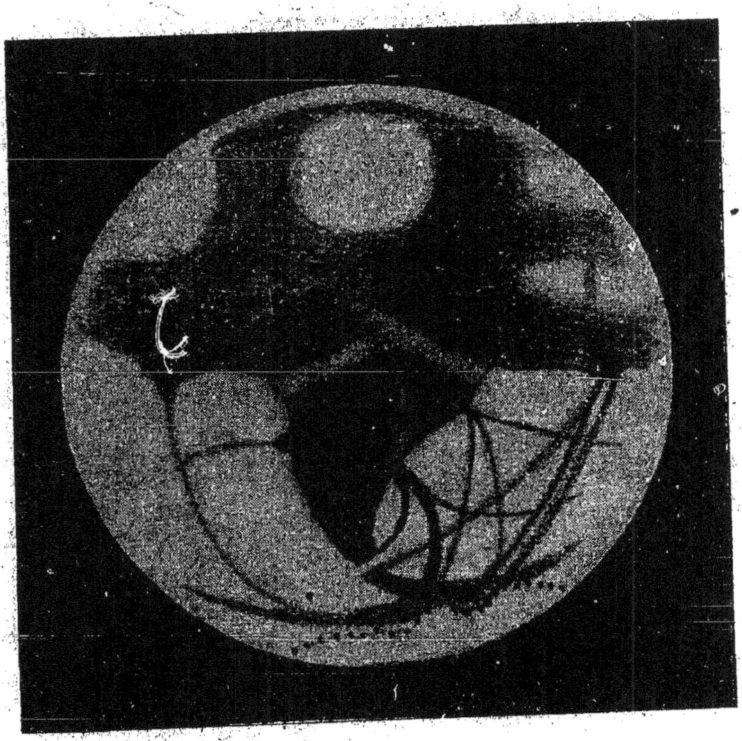

Aspect télescopique de la planète Mars.

fort gênantes, mais un naturaliste répondra que ces êtres inconnus peuvent être amphibies, ou bien vivre dans les airs et ne pas tenir à la surface du sol aussi lourdement que nous. Il serait facile à l'imagination de créer mille hypothèses. Tel n'est pas mon but. J'ai voulu ne présenter que des faits incontestables sur les eaux et les climats martiens. En résumé, cette évaporation sous forme de vapeur d'eau invisible, cette condensation et cette fonte des neiges, ces canaux et leur rôle dans la distribution des eaux nous montrent que les continents sont de vastes plaines, que les montagnes sont rares, que les sources, les torrents, les rivières sont remplacés par un système tout particulier. La rareté des nuages et des pluies s'accorde avec cet ordre de choses. Quoique très voisin, ce monde diffère considérablement du nôtre, mais paraît, à certains égards, plus agréable à habiter.

De telles découvertes astronomiques, qui ne font d'ailleurs que commencer, sont assurément appelées à transformer bien des idées. Ceux qui naguère encore limitaient au monde que nous habitons l'activité des forces de la nature et ne voulaient voir dans les sphères de l'espace que des blocs inertes perdus au sein du vide éternel, viennent de recevoir une nouvelle et grande leçon qui peut les éclairer et les instruire. Ce monde voisin pose en ce moment à la vision télescopique le plus captivant des problèmes.

L'été dernier, Mars est passé fort près de la Terre, et je l'ai tout spécialement observé. Un jour, j'avais examiné cette patrie voisine, dès les cinq heures de l'après-midi. Le soleil était radieux, la température de l'air très élevée, et l'atmosphère, calme et tranquille, donnait à l'azur du ciel une transparente profondeur. Malgré l'éclatante lumière du jour, on distinguait nettement sur la planète les rivages circulaires de la « mer du Sablier », qui rappellent le cirque méditerranéen du golfe de Nice, et déjà la planète était assez avancée dans son cours autour du Soleil pour offrir une phase très marquée. Vers les huit heures du soir, je quittai un instant la coupole, pour respirer l'air un peu rafraîchi et contempler de la terrasse les splendeurs du coucher du soleil.

Les oiseaux avaient repris leurs chants interrompus pendant les ardeurs du jour; les nouveaux nids gazouillaient des murmures incompris; les insectes, les abeilles bourdonnaient dans les airs; le coucou répétait au loin dans le bois son refrain monotone et solitaire, tandis que, parmi les bosquets voisins, les rossignols lançaient d'une voix infatigable leur merveilleuse symphonie du soir. Puis, à l'horizon du couchant, l'azur profond des cieux passa graduellement du bleu au rouge par des transitions insensibles; de légères vapeurs marquèrent le cours de la Seine, déroulant au loin son ruban argenté; un calme immense s'étendit sur la nature entière, et de la cloche du village l'angelus s'envola lentement en ondulations harmonieuses. La nature semblait s'endormir à la fin d'un beau jour; le soleil avait disparu de notre horizon pour éclairer d'autres peuples.

En reprenant mon observation de Mars, je remarquai que depuis quelques heures la planète avait sensiblement tourné sur son axe, emportée par sa rotation diurne; la mer du Sablier, dont j'avais dessiné les contours, approchait du bord occidental, et un vaste continent arrivait en vue par l'Orient. Il faisait très beau sur Mars; le lever du soleil illuminait d'une vive lumière les terres et les rivages du 60e méridien. Je ne pouvais m'empêcher de penser que, tandis que nous avions ici le crépuscule du soir, ils avaient, eux, le matin, et que sans doute, en s'éveillant de leur sommeil, les êtres inconnus qui sont là, à 80 millions de kilomètres, ce qu'ici nous sommes, allaient commencer leur journée en se préoccupant de leurs affaires personnelles, graves ou futiles, importantes ou médiocres, sans se douter peut-être — malgré leur supériorité probable sur notre humanité — qu'ils ont ici des frères, des amis, en voie de les étudier, de les connaître, et occupés à examiner au télescope ce qui se passe dans leur pays.

Qui sait pourtant! Peut-être ces habitants, victimes de tant d'irrégularités, regardent-ils la terre avec un œil d'envie, regrettant de ne pas habiter un monde aussi stable que le nôtre; où les transformations du sol n'atteignent jamais de pareilles proportions. S'ils ont des télescopes assez puissants, ou quelque autre mode de vision qui leur permette de distinguer les détails terrestres, ils peuvent s'être aperçus néanmoins que notre monde n'est pas aussi parfait qu'il le paraît vu de si loin. De la distance et de la position de Mars, notre Terre brille dans le ciel du soir exactement comme Vénus pour nous; nous sommes leur « étoile du Berger ».

En résumé, ce petit monde de Mars est l'un des plus intéressants que nous puissions actuellement étudier. On peut même se demander (mais nous nous en garderons) si, après tout, ces canaux et leurs dédoublements périodiques sont dus à des causes exclusivement physiques et naturelles. A l'aspect d'un tracé cadastral aussi régulier, aussi géométrique, l'idée d'assimiler ce réseau à un système d'irrigations volontaires n'est pas absurde en soi et pourrait être soutenue par un avocat audacieux.

C'est par l'observation du mouvement de Mars que Képler a découvert, au XVIIe siècle, les lois qui régissent le système du monde. Peut-être sera-t-il donné à ce monde voisin de nous *prouver* le premier la vérité de la belle doctrine de la pluralité des mondes habités.

JUPITER, LE GÉANT DES MONDES

La planète géante de notre système, dont le diamètre surpasse de 11 fois celui de notre globe et dont le volume est 1279 fois supérieur au nôtre, vient d'entrer dans une période d'études nouvelle et féconde en curieux résultats. De laborieux astronomes ont fait de cette planète l'objet d'une analyse rigoureuse, essayant même d'en commencer la géographie, ou, pour mieux dire, la zénographie.

Ce monde est véritablement colossal, et les mouvements qui s'accomplissent à sa surface comme dans le sein de son immense atmosphère sont prodigieux. Pour en concevoir une idée approchée de la réalité, il faudrait nous imaginer transportés dans son voisinage, par exemple sur son premier satellite, qui gravite autour du géant à la distance de moins de six fois le rayon de la planète, à 417 847 kilomètres du centre de Jupiter, soit à 348 384 kilomètres seulement de la surface du disque visible. De là, on a devant les yeux un globe immense mesurant 140 926 kilomètres de diamètre, 11 fois plus large que notre Terre. C'est un peu moins de la distance de la Lune, de sorte que, vu de son premier satellite, Jupiter paraît plus de 11 fois plus vaste en diamètre que la Terre vue de la Lune, laquelle est déjà 4 fois plus large que la Pleine Lune vue d'ici. C'est donc quelque chose comme 45 fois le disque de la Pleine Lune, en diamètre, plus de 20 degrés de largeur sur l'horizon du ciel !

De là, les tourbillons de son atmosphère doivent se montrer dans toute leur grandeur, et peut-être même la chaleur de la planète est-elle sensible et exerce-t-elle encore une influence notable sur la condition physique de ce satellite, comme autrefois lorsque, naguère encore, Jupiter était un soleil brillant au centre de son système.

Le diamètre de Jupiter, surpassant celui de la Terre dans la proportion de 11,06 à 1, son volume est 1 279 fois plus considérable que celui du globe terrestre, défalcation faite des calottes polaires diminuées par l'aplatissement. Sa masse surpasse 309 fois celle de notre planète. La pesanteur à l'équateur, en tenant compte de la force centrifuge due à la rotation, et en admettant pour durée de rotation $9^h 55^m 37^s$, est à la pesanteur terrestre dans la rapport de 2,254 à 1, c'est-à-dire environ deux fois un quart plus considérable.

Cet état de la pesanteur, dû à la masse considérable de Jupiter, joue nécessairement un rôle très important dans tous les phénomènes qui peuvent s'accomplir à la surface de ce vaste monde. L'atmosphère de Jupiter, dont l'existence et la grande épaisseur sont prouvées par toutes les observations, ne peut pas ressembler à celle que nous respirons. Ici, sur la Terre, la pression atmosphérique devient double pour une différence de hauteur de 5 600 mètres. Ainsi, au sommet du Mont-Blanc, à l'altitude de 4 800 mètres, la hauteur moyenne du baromètre est de 424^{mm} au lieu de 760^{mm}, chiffre du niveau de la mer. A l'altitude de 5 600 mètres, au col de Karakorum, en Asie, cette hauteur barométrique est de 380^{mm}. Au sommet de l'Ibi-Gamin, dans l'Himalaya (plus haute montagne escaladée), elle est réduite à 340^{mm}. A deux fois 5 600 mètres, ou à 11 200 mètres, altitude dont s'est approché le ballon de Glaisher dans sa mémorable ascension du 17 juillet

1862, la pression atmosphérique est réduite au quart de ce qu'elle est au niveau de la mer, c'est-à-dire à 190^{mm}. Sur toute planète, l'atmosphère double de pression pour une descente égale ; mais la quantité dont il faut descendre pour obtenir cette pression double diffère d'une planète à l'autre et dépend de l'intensité de la pesanteur.

Sur Jupiter, l'intensité de la pesanteur a pour effet de diminuer de deux fois un quart environ la longueur de descente dont nous venons de parler. La pression atmosphérique y devient double pour une descente de 2 485 mètres, si nous admettons une atmosphère analogue à la nôtre.

Or, cette atmosphère est certainement très élevée. Il est impossible d'observer attentivement Jupiter, ne fût-ce que pendant quelques semaines seulement, sans en éprouver la conviction que les masses nuageuses constatées sur son disque ont une profondeur comparable à leur étendue superficielle. Ces masses nuageuses, en transformations lentes ou rapides et en mouvement dans l'atmosphère jovienne, indiquent pour cette atmosphère une profondeur notable. Les diversités de tons, les diversités de mouvement, les variations d'éclat des satellites pendant leurs passages le long du disque, ainsi que celles de leurs ombres, montrent que la profondeur de l'atmosphère est comparable au diamètre de ces satellites. Deux fois, on a observé (M. Trouvelot, le 24 avril 1877, M. Guillaume, le 18 juillet 1889) une duplicité de l'ombre d'un satellite, paraissant indiquer que cette ombre tombait à travers une atmosphère étagée de nuées. Les satellites de Jupiter mesurent de 4 à 6 000 kilomètres de diamètre. Toutes les appréciations concordent pour nous faire penser que l'atmosphère de Jupiter, visible d'ici par les couches de nuages seulement, mesure au moins le quart de ces diamètres, soit plus de 1 000 kilomètres.

Mais, n'en mesurât-elle que 100, la densité de l'atmosphère jovienne fût-elle égale seulement, à 100 kilomètres de hauteur, à celle de l'atmosphère terrestre à la hauteur de nos nuages les plus élevés (10 000 mètres), que cette densité serait doublée à la hauteur de 97 515 mètres, quadruplée à la hauteur de 95 000 mètres, octuplée à 92 545. Elle serait 16 fois plus dense à 90 000 mètres, 32 fois plus à 87 575, 64 fois plus à 85 000, 128 fois plus à 82 600, 256 fois plus à 80 000, 512 fois à 77 600 et 1 024 fois à 75 000 mètres. Or, une densité qui surpasserait de 1 024 fois celle de l'atmosphère supérieure qui vient de nous servir de point de départ, serait déjà 256 fois plus grande que celle du niveau. Descendons encore de 2 485 mètres et nous trouvons 512 fois la densité de l'air ;

arrivons à 70 000 mètres, et nous avons pour densité 1 024, soit une densité supérieure à celle de l'eau, puisque l'eau ne pèse que 773 fois plus que l'air.

Si nous continuions encore un instant cette comparaison, nous trouverions que la densité de l'atmosphère jovienne devrait atteindre 2 048 fois celle de l'air à l'altitude de 67 700 mètres, et 4 100 fois à l'altitude de 65 200 mètres. C'est déjà là une densité supérieure à cinq fois celle de l'eau, supérieure à celle de la plupart des minéraux et des roches : c'est la densité du fer.

Un peu plus bas, à 62 700 mètres, nous aurions la densité de l'argent, un peu plus bas encore, à 60 000 mètres d'altitude, celle du platine. Et il nous reste encore 60 000 mètres à descendre pour arriver aux couches inférieures de l'atmosphère jovienne, soit à *doubler* 25 fois la densité du platine ! Il est vrai que la densité passe par un point critique à partir duquel l'accroissement ne peut plus se produire. Mais ce n'en est pas moins monstrueux et impossible. Et nous avons choisi la plus modeste de toutes les hypothèses à faire sur l'épaisseur de l'atmosphère de Jupiter !

Il résulte donc de cette considération physique, que l'atmosphère de l'énorme planète ne peut pas être dans une condition analogue à la nôtre. Il faut que l'effet de cette effroyable pesanteur soit contrebalancé par une force opposée, et cette force est certainement la chaleur. C'est ce qui arrive, dans une proportion beaucoup plus grande encore, pour le Soleil, à la surface duquel la pesanteur est 27 fois plus intense que sur la Terre, et où une différence de 200 mètres de hauteur suffirait pour doubler la pression, si la force d'expansion due à la chaleur ne s'exerçait pas précisément en sens contraire. Que le globe de Jupiter soit encore chaud, c'est ce qui est très probable, presque certain par les témoignages suivants.

Et d'abord, l'état calorifique initial de toutes les planètes n'est mis en doute par aucun géologue, pas plus que par aucun astronome. Toutes les théories cosmogoniques sur l'origine de la Terre ont été forcées de tenir compte de la température intérieure actuelle, des mouvements incessants de l'écorce encore actuellement produits chaque jour pas des tremblements de terre, et il est impossible de considérer notre planète autrement que comme la condensation lente d'une nébulosité primitive issue de la nébuleuse solaire. On peut calculer la durée du refroidissement correspondant à chaque planète, suivant sa masse, son volume et la nature de ses matériaux. Plus un corps céleste est petit et plus vite il se refroidit. La Lune s'est refroidie plus vite que la Terre ; la Terre se refroidit plus vite que Jupiter.

La théorie conduit donc à admettre en premier lieu que le globe de Jupiter peut et doit être encore chaud, comme l'a été le globe terrestre autrefois, chaud non seulement dans ses profondeurs, mais encore à la surface même, et que cette surface se trouve seulement de nos jours en sa période de solidification. Qu'il ne soit plus sensiblement lumineux, c'est ce dont nous ne pouvons douter, attendu que ses satellites disparaissent entièrement lorsqu'ils passent dans son ombre, et attendu aussi que la lumière de Jupiter est bien de la lumière solaire réfléchie. Le spectroscope le prouve ; Jupiter brille comme un nuage immense illuminé par le Soleil, plus que de la pierre, du sable, du granit ou de la terre, environ trois fois plus que la Lune (en supposant celle-ci éloignée à la distance de Jupiter et aussi vaste que lui en surface), et presque autant que le ferait un globe de neige fraîchement tombée. Son albedo est 0,624. C'est là, sans contredit, une vive lumière. Mais ses nuages peuvent suffire pour la donner comme reflet de celle du Soleil. Lorsqu'un satellite projette son ombre sur le disque de Jupiter, cette ombre est bien noire. Mais pourtant il peut y avoir là, comme dans le cas des éclipses des satellites dans l'ombre de la planète, un effet de contraste qui expliquerait la disparition comme l'obscurité des ombres, lors même qu'il y aurait encore là quelque lumière inhérente à la planète. Ainsi, par exemple, les noyaux des taches solaires paraissent noirs à cause de l'éblouissante blancheur de la surface photosphé-rique. En réalité, ils en sont loin : on les estime 5 000 fois plus lumineux que la Pleine Lune ! Lorsque Vénus ou Mercure ou la Lune passent devant le Soleil, le contraste entre les deux tons est frappant : Mercure, Vénus ou la Lune sont noirs comme de l'encre, et les noyaux des taches contigus paraissent gris. Je l'ai maintes fois signalé, et tous les observateurs ont pu le faire.

Le globe de Jupiter peut donc encore émettre de la chaleur, et même une certaine lumière basse, insensible pour nous. Théoriquement cela doit être. Pratiquement on le constate déjà.

La formation la plus énigmatique de l'immense planète est actuellement cette fameuse tache rouge elliptique, plus vaste que la Terre, qui se maintient dans la même région de Jupiter, sans changer de forme, ou fort peu. Elle appartient à la zone tempérée, et gît à la latitude australe de 35°. Sa rotation diurne s'effectue, comme celle de cette zone, en

$9^h 55^m 40^s$, marche beaucoup plus lente que celle du courant équatorial, et il semble bien qu'elle indique le véritable mouvement de rotation de la planète. On ne peut guère penser que cette tache soit de nature atmosphérique. Sa fixité semble s'y opposer. Il n'est pas facile d'imaginer qu'elle plane dans l'atmosphère comme un disque flottant et captif. Ses dimensions sont respectables : 42 000 kilomètres de longueur (c'est-à-dire près de quatre fois plus que le diamètre de la Terre) sur 15 000 kilomètres de largeur ! Est-ce un continent en formation ? Est-ce au contraire un lac brûlant dans la croûte défoncée. Sa forme elliptique est restée bien nette. Sa couleur est rougeâtre et semble indiquer de la matière en fusion. On y distingue parfois comme des vapeurs qui, plusieurs fois, sont devenues blanchâtres et l'ont presque entièrement masquée à nos yeux. M. Niesten, l'habile astronome de l'Observatoire de Bruxelles, qui fut l'un des premiers observateurs de cette curieuse formation, a bien voulu remarquer que, dès 1874, j'avais observé et dessiné, au point où la tache rouge est apparue plus tard, une dépression caractéristique, que l'on peut voir à la *fig.* 75 de la première édition des *Terres du Ciel*, et à la *fig.* 249 de l'édition populaire (observation du 19 avril 1874). La cause agissait donc déjà en 1874,

en refoulant la bande nuageuse ou en l'empê-
chant de se produire. M. Niesten est remonté
plus haut et remarque qu'un anneau elliptique

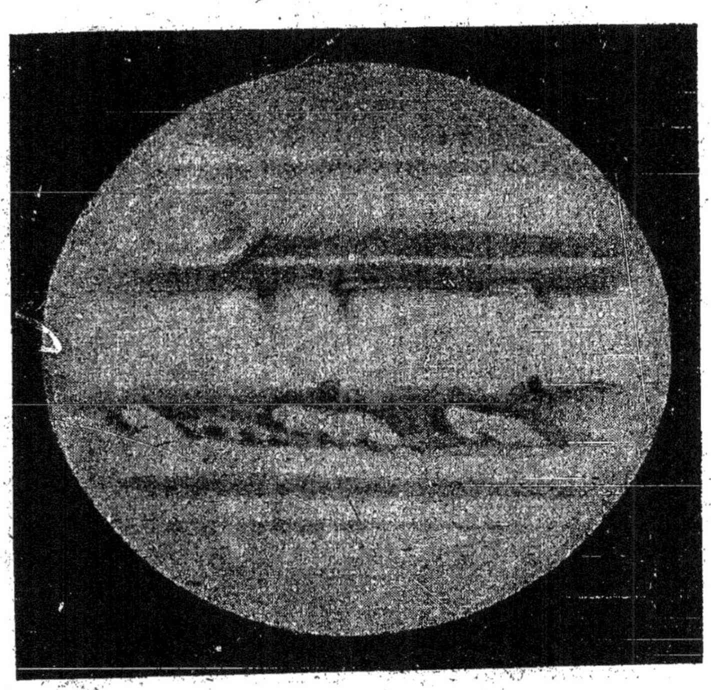

Aspect télescopique de Jupiter.

dessiné par Gledhill en 1870 et 1871, qu'une
tache ovale tracée par Secchi en 1857, et même
qu'une tache circulaire indiquée par Cassini dès
l'an 1665 se trouvent aussi à la même latitude que
cette fameuse tache rouge. Sans remonter aussi
haut, et en n'admettant même que les observations
de la tache actuelle, qui remontent à 1877, nous

devons convenir qu'une configuration nette et précise telle que celle là, permanente dans sa position, ne peut pas être atmosphérique, ne peut pas être un disque nuageux suspendu dans l'air, mais a sa cause dans le globe même dé la planète et représente peut-être une île, de chaque côté de laquelle circule du reste un courant rapide.

L'analyse spectrale, entre les mains de Henry Draper, a permis de déceler dans le spectre de cette tache des preuves d'une certaine lumière inhérente. Cette chaleur n'émet pas que des rayons obscurs. D'ailleurs, l'examen spectroscopique général de Jupiter montre les raies dues à la vapeur d'eau et, en outre, une raie spéciale due à la planète elle-même. Une forte bande dans le rouge, notée par Vogel, concorde comme position avec une bande analogue du spectre des étoiles rouges, c'est-à-dire des soleils qui s'éteignent. Comme on pouvait s'y attendre, les bandes les plus sombres, qui sont d'une teinte rougeâtre, donnent l'évidence spectroscopique d'une forte absorption des rayons bleus, caractéristique qui correspond avec les indications du spectre des étoiles rouges. En fait, il semble aussi bien que la lumière inhérente de Jupiter, qui entre probablement pour une part très faible dans la lumière que nous recevons de cette planète, ressemble en moindre encore à celle que nous recevons des étoiles rouges, des soleils arrivés à l'agonie. Selon toutes les probabilités, Jupiter est donc un soleil refroidi, pas encore une planète proprement dite, et non encore habitable.

L'examen de sa rotation conduit à la même conclusion : comme il arrive pour le Soleil, elle n'est pas la même aux diverses latitudes et va en se ralentissant de l'équateur aux pôles. Nos lecteurs savent que le mouvement de rotation observé sur le Soleil est de vingt-cinq jours quatre heures et demie à l'équateur, de vingt-cinq jours douze heures à 15° de latitude, de vingt-six jours au 25ᵉ degré, de vingt-sept jours au 38ᵉ Telle est la rotation des taches : elles vont d'autant plus lentement que l'on s'éloigne davantage de l'équateur. Or il en est de même de Jupiter. La rotation des taches observées sur l'équateur s'effectue en $9^h 50^m 22^s$ pour la bande équatoriale sud, et en $9^h 50^m 40^s$ pour la bande équatoriale nord, tandis que la zone tempérée nord, vers 12° de latitude, tourne en $9^h 55^m 36^s$, et la fameuse tache rouge, à 35° de latitude australe, en $9^h 55^m 41^s$. Puisque le Soleil ne tourne pas tout d'une pièce, c'est qu'il ne forme pas un corps solide. Même conclusion pour Jupiter. Un astronome anglais, M. Stanley Williams, est même parvenu à déterminer

l'existence et la vitesse de sept courants différents.

Ces taches appartiendraient-elles, comme il
semble bien que ce soit le cas pour le Soleil, à
une surface liquide, et leurs différences de rota-
tation seraient-elles dues à des différences de
courants ? Ce n'est pas probable, car elles peuvent passer les unes au-dessus des autres.

C'est ce qui est arrivé notamment dans une
curieuse observation de M. Young. Le 15 avril
1886, cet astronome a vu la tache rouge recou-
verte par le bord de la bande équatoriale qui
passe au sud. La tache était-elle vraiment au-dessous, ou bien n'aurait-elle pu planer au-dessus,
comme un disque transparent ? C'est ce que l'observation ne montre pas par elle-même, puisque les
deux objets étaient visibles en même temps ; mais
la première hypothèse est incomparablement plus
vraisemblable que la seconde. Dans les deux
cas, d'ailleurs, il est démontré que ces objets
peuvent passer les uns sur les autres à des niveaux différents. De plus, il est démontré aussi
que des formations atmosphériques sur Jupiter
peuvent être foncées. Ce second point est fort
important.

Il semble, en effet, que des nuages vus de face,
illuminés par le Soleil, comme nous les voyons

par leur surface supérieure du haut d'un ballon ou sur les autres planètes, devraient toujours paraître blancs. Ce doit être là le cas général. Cependant le fait que nous venons de citer prouve le contraire, et nous tire en même temps d'un très grand embarras pour l'explication d'un grand nombre d'aspects inexpliqués, observés, non seulement sur Jupiter, mais encore et surtout sur la planète Mars.

La manière dont une surface réfléchit la lumière incidente dépend évidemment de la constitution moléculaire de cette surface. Des nuages, des vapeurs, des fumées peuvent former des nappes constituées de telle sorte qu'elles paraissent non pas blanches, mais plus ou moins foncées. Contentons-nous, pour le moment, de constater le fait par la superposition dont nous venons de parler.

On peut admettre que certaines taches blanches de Jupiter soient très élevées et puissent même porter ombre au-dessous d'elles, et que des différences considérables de niveau puissent être observées dans l'atmosphère de Jupiter.

La vitesse relative des formations observées sur Jupiter pourrait précisément provenir de leurs différences de hauteur. Dans le cas de l'observation de M. Young, la bande australe marchait de l'est à l'ouest, plus vite que la tache rouge. Dans presque tous mes voyages en ballon, j'ai observé le même fait : plus on s'élève, plus on va vite, et tous les aéronautes qui ont observé sont d'accord sur ce point. Pourquoi n'en serait-il pas de même dans l'atmosphère de Jupiter ?

Dans ce cas, la tache rouge représenterait pour nous la rotation de la surface de la planète, elle appartiendrait à cette surface et serait probablement une île, un continent en formation se figeant, comme une scorie, à la surface du globe chaud et pâteux de Jupiter, et donnant naissance au-dessus d'elle à des éruptions chimiques déterminées par le procédé même du refroidissement. Peut-être y a-t-il déjà là des sources de volcans ou simplement d'inévitables fissures, des effondrements et des transformations de surface plus ou moins rapides. Cette tache rougeâtre pourrait représenter aussi une région d'effondrement à la surface d'un globe en voie de se figer entièrement, un océan chaud dans une écorce refroidie ; mais les variations des formes, allongements, rétrécissements, oscillations même, plaident en faveur d'une île, peut-être flottante, île dont la surface égale les trois quarts de celle de la Terre, soit 383 millions de kilomètres carrés ! Nous sommes un peu loin pour décider absolument. Mais ce qui paraît certain, c'est que cette région, solide ou liquide, appartient au corps même de la planète et représente la durée de sa rotation[1].

Les observations s'accordent parfaitement pour montrer d'une part que la tache rouge s'est lentement déplacée en longitude, sa rotation ayant été de 9ʰ 55ᵐ 34ˢ en 1879, de 35ˢ en 1880, 37ˢ en 1881, 38ˢ en 1882, 39ˢ en 1884, 40ˢ de 1886 à 1890, 41ˢ depuis 1891 ; mais, en somme, elle a gardé une remarquable stabilité, tandis que les taches blanches équatoriales volent relativement avec une vitesse fantastique et *variable*. A la fin de novembre 1885, par exemple, d'après les mesures de M. Denning, ces nuages avaient acquis une vitesse véritablement alarmante, qui semblait défier le calcul des époques de retour : du 21 novembre au 31 décembre 1885, la brillante tache blanche équatoriale a fait le tour entier de Jupiter relativement à la tache rouge, soit 443 000 kilomètres en quarante jours, ce qui donne pour la vitesse plus de 11 000 kilomètres par jour, soit 460 kilomètres à l'heure.

On a vu (M. Pickering, M. l'abbé Moreux, M. Todd, etc.) des satellites et des étoiles se projeter dans l'intérieur du disque de Jupiter, en vertu d'une forte réfraction de son atmosphère.

1. Voir, pour l'ensemble des observations, les *Bulletins de la Société Astronomique de France*, 1896, 1897 et 1898.

Ainsi, sous quelque aspect que nous le considérions, Jupiter nous paraît environné d'une immense atmosphère, dans laquelle flottent à diverses hauteurs, des traînées considérables de nuages formés surtout par les vapeurs qui s'exhalent d'un globe encore chaud extérieurement. Les nuages sont surtout emportés par des courants dirigés de l'est à l'ouest, et volent d'autant plus vite qu'ils sont plus élevés. Ceux des zones équatoriales sont les plus rapides et leur vitesse dépasse parfois 400 kilomètres à l'heure. La surface de la planète doit être encore pâteuse, peut-être solidifiée en certains points, et d'un rouge sombre. Jupiter est un soleil refroidi et se trouve actuellement dans un état intermédiaire entre l'état solaire et l'état planétaire, comme la Terre l'a été pendant son époque primordiale.

L'orbite de Jupiter autour du Soleil étant presque circulaire et la planète étant très peu inclinée sur cette orbite, le Soleil ne produit sur ce monde ni saisons ni climats. Les mouvements considérables que nous voyons d'ici s'accomplir dans son atmosphère ne peuvent pas avoir le Soleil pour cause seule et sont produits en majeure partie par une chaleur originaire de la planète. En fait, la variation annuelle de l'action solaire sur Jupiter n'est pas plus grande que celle que le Soleil produit chez nous de huit jours avant à huit jours après l'équinoxe : c'est à peine sensible.

Tel est l'état de nos connaissances actuelles sur le monde le plus important de notre système. Autrefois, Jupiter brillait comme un soleil au centre de son propre système de quatre mondes. Aujourd'hui, c'est un soleil refroidi, non encore tout à fait froid, stage intermédiaire entre la période solaire et la période planétaire. Si nous pouvions nous en approcher, comme nous le disions plus haut, à la distance de son premier satellite, nous assisterions avec effroi à la genèse formidable des éléments qui préparent dans cet immense laboratoire les germes de sa vie future. Mais quand il sera parvenu à sa période de vie et d'intelligence, la Terre où nous sommes sera morte, et la dernière famille humaine sera depuis longtemps ensevelie dans la dernière glace équatoriale du cimetière terrestre. *Novus rerum nascetur ordo !*

LES ANNEAUX DE SATURNE

Ces anneaux si curieux, qui constituent un phénomène unique dans le système solaire, ne sont ni solides, ni liquides, ni gazeux.

Ils sont composés d'une quantité innombrable, de millions et de millions de particules distinctes, ce que nous pourrions appeler de la poussière cosmique.

Pour en concevoir exactement la forme, il faut nous représenter le globe de Saturne complètement isolé dans l'espace et entouré, à une certaine distance autour de son équateur, d'une couronne plate très étendue. C'est comme si nous placions autour d'un globe un cercle de carton, dans l'intérieur duquel on aurait découpé la place de ce globe.

L'anneau ne touche Saturne en aucun point; il est suspendu dans l'espace, à une distance de 10000 kilomètres de hauteur pour sa partie intérieure, et mesure 64 700 kilomètres de largeur. Son épaisseur ne paraît pas dépasser cent kilomètres. Relativement à son étendue, on le voit, c'est une feuille de carton.

Il est partagé en trois zones, ou trois anneaux principaux. L'extérieur présente une lumière d'un jaune un peu terne, celui du milieu est très brillant; l'intérieur, au contraire, est obscur, comme un voile de crêpe, et assez transparent, car on distingue souvent la planète au travers. Nos lecteurs savent, d'ailleurs, que Saturne et ses anneaux ne possèdent aucune lumière propre et ne brillent que par la lumière solaire, qu'ils reçoivent comme la Terre et les autres planètes, et réfléchissent dans l'espace.

L'aspect de Saturne et de ses anneaux varie constamment pour l'observateur terrestre à cause des changements de perspective du aux déplacements constants de la Terre comme de Saturne. Parfois ce curieux système ne se présente à nous que par la tranche, et alors on ne distingue qu'une ligne très mince passant devant la planète et la dépassant à l'est et à l'ouest. C'est ce qui est arrivé en 1891. Parfois, ils nous paraissent très ouverts, et c'est alors que nous pouvons le mieux étudier leur disposition. Jamais nous ne les voyons de face, parce que jamais nous ne sommes dans le prolongement de l'axe de la planète : dans ce cas, ils nous paraîtraient circulaires, tels qu'ils le sont en réalité. S'ils ont une ellipticité, elle est très légère.

On aura une idée exacte de l'aspect télescopique de Saturne vers les époques où ses anneaux se présentent le moins obliquement par le dessin gravé plus loin, d'après les observations faites à l'Observatoire de Juvisy en 1897 par notre collègue M. Antoniadi.

Il est intéressant de nous rendre compte des dimensions exactes de ce merveilleux système, devant lequel la Terre n'est qu'une bien pauvre chaumière. Voici donc quelques chiffres :

	kilomètres.
Demi-diamètre de la Terre.	6 371
Demi-diamètre de Saturne.	60 000
Distance de Saturne à l'anneau intérieur.	10 000
Largeur de l'anneau intérieur.	18 000
Largeur de l'anneau central.	27 700
Largeur de l'anneau extérieur.	19 000
Largeur totale des anneaux.	64 700
Demi-diamètre du système saturnien.	135 000

A ce système, déjà si riche, il faut encore ajouter

un cortège de huit satellites qui gravitent autour de la planète, au delà des anneaux. On le voit, c'est tout un univers.

Les astronomes ont longtemps admis que ce système d'anneaux était solide. C'est même ici le lieu d'éclaircir quelques points historiques à propos des théories émises à cet égard.

Voici d'abord textuellement ce qu'on lit dans l'*Exposition du Système du Monde*, de Laplace, opinion qui a fait autorité dans la science jusqu'en ces derniers temps :

L'anneau de Saturne est formé de deux anneaux concentriques, d'une très mince épaisseur. Par quel mécanisme ces anneaux se soutiennent-ils autour de cette planète ? Il n'est pas probable que ce soit par la simple adhérence de leurs molécules; car alors leurs parties voisines de Saturne, sollicitées par l'action toujours renaissante de la pesanteur, se seraient à la longue détachées des anneaux qui, par une dégradation insensible, auraient fini par se détruire ainsi que tous les ouvrages de la nature qui n'ont point les forces suffisantes pour résister à l'action des causes étrangères. Ces anneaux se maintiennent donc sans effort et par les seules lois de l'équilibre; mais il faut, pour cela, leur supposer un mouvement de rotation autour d'un axe perpendiculaire à leur plan et passant par le centre de Saturne, afin que leur pesanteur vers la planète soit balancée par leur force centrifuge due à ce mouvement.

Imaginons un fluide homogène, répandu en forme d'anneau autour de Saturne, et voyons quelle doit être sa figure pour qu'il soit en équilibre, en vertu de l'attraction mutuelle de ses molécules, de leur pesanteur vers Saturne, et de leur force centrifuge. Si, par le centre de leur planète, on fait passer un plan perpendiculaire à celui de l'anneau, la section de l'anneau par ce plan est ce que je nomme *courbe génératrice*. L'analyse fait voir que la largeur de l'anneau est peu considérable par rapport à sa distance au centre de Saturne ; l'équilibre du fluide est possible, quand la courbe génératrice est une ellipse dont le grand axe est dirigé vers le centre de la planète. La durée de la rotation de l'anneau est à peu près la même que celle de la révolution d'un satellite mû circulairement à la distance du centre de l'ellipse génératrice, et cette durée est d'environ quatre heures et un tiers, pour l'anneau intérieur. Herschel a confirmé par l'observation ce résultat, auquel j'avais été conduit par la théorie de la pesanteur.

L'équilibre du fluide subsisterait encore, en supposant l'ellipse génératrice variable de grandeur et de position dans l'étendue de la circonférence de l'anneau, pourvu que ces variations ne soient sensibles qu'à des distances beaucoup plus grandes que l'axe de la section génératrice. Ainsi l'anneau peut être supposé d'une largeur inégale dans ses parties diverses : on peut même le supposer à double courbure. Ces inégalités sont indiquées par les apparitions et les disparitions de l'anneau de Saturne, dans lesquelles les deux bras de l'anneau ont présenté des phénomènes différents ; elles sont même nécessaires pour maintenir l'anneau en équilibre autour de la planète, car, s'il était parfaitement semblable dans toutes ses parties, son équilibre serait troublé par la force la plus légère, telle que l'attraction d'un satellite, et l'anneau finirait par se précipiter sur la planète.

Les anneaux dont Saturne est environné sont, par conséquent, des *solides irréguliers* d'une largeur inégale dans les divers points de leur circonférence, en sorte que leurs centres de gravité né coïncident pas avec leurs centres de figure. Ces centrés de gravité peuvent être considérés comme autant de satellites qui se meuvent autour du centre de Saturne, à des distances dépendantes des inégalités des anneaux, et avec des vitesses angulaires égales aux vitesses de rotation de leurs anneaux respectifs.

Cette théorie de Laplace était plutôt un recul qu'une avance. Cassini II avait deviné plus juste, quoiqu'il eût beaucoup moins de science mathématique que le Newton français. Voici ce qu'on peut lire dans ses *Éléments d'astronomie*, imprimés en 1740 :

Toute cette masse se tient ainsi suspendue autour de Saturne, dont elle est entièrement détachée, semblable à un anneau large et plat, qui environnerait la Terre, dont le plan passerait par son centre.

Cette apparence, dont nous ne voyons aucun exemple dans les autres corps célestes, nous a donné lieu de conjecturer que ce pouvait être *un amas de satellites disposés à peu près sur un même plan,* lesquels font leurs révolutions autour de cette planète,

que leur grandeur est si petite qu'on ne peut les apercevoir chacun séparément, mais qu'ils sont en même
temps assez près l'un de l'autre pour qu'on ne puisse
point distinguer les intervalles qui sont entre eux, en
sorte qu'ils paraissent former un corps continu.

On pourrait opposer, à cette hypothèse, que ces
satellites doivent observer, de même que tous ceux

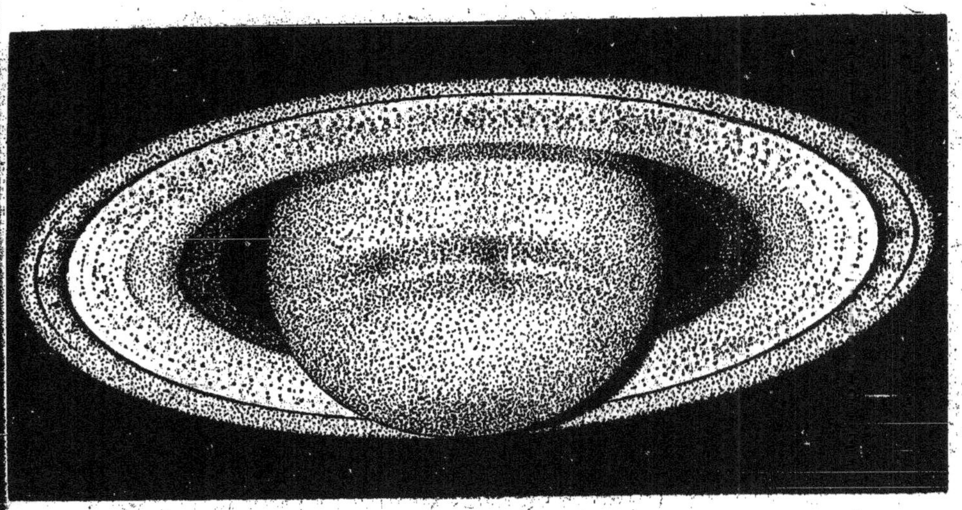

Aspect télescopique de Saturne.

qu'on a découverts jusqu'à présent, la règle de Képler,
suivant laquelle les carrés des temps des révolutions
sont comme les cubes des distances au centre de la
planète ; d'où il suit que la quantité de leur mouvement n'est pas proportionnée à leur distance et qu'il
leur arriverait ce que l'on observe dans les autres satellites qui se trouvent souvent tous, ou du moins la
plus grande partie, d'un même côté : qu'ainsi l'anneau paraîtrait souvent plus large et plus éclairé en
des endroits que dans d'autres, et serait sujet à des

irrégularités dans sa figure ; mais cette difficulté se trouve levée si l'on suppose différents cercles, tous formés de satellites autant qu'il en faut pour faire la largeur de l'anneau.

Les satellites disposés sur chaque cercle feront tous leurs révolutions en même temps, puisqu'ils seront à la même distance de Saturne, et par conséquent ne changeront point de situation entre eux.

Un autre cercle entier quelconque fera sa révolution selon la règle de Képler, c'est-à-dire que le temps de cette révolution sera au temps de la révolution du premier cercle dans le rapport que demandent les distances des deux cercles au centre de Saturne ; mais quoique par là les mêmes parties du premier cercle ne répondent pas toujours aux mêmes parties du second, il n'y aura rien de changé dans l'apparence totale, et ce sera exactement la même chose à cet égard que si deux cercles concentriques avaient fait leurs révolutions en même temps, ce qui doit être de même de tous les cercles pris ensemble.

Cette théorie de la constitution des anneaux de Saturne par un amas de particules disséminées dans le plan de l'équateur de la planète et circulant autour d'elle comme les satellites, avec une vitesse d'autant plus grande qu'ils sont plus rapprochés, suivant la troisième loi de Képler, est la vraie explication. Elle a fait l'objet d'un mémoire mathématique qui l'a définitivement démontrée, en 1856, par le professeur Clerk Maxwell, à la Société royale astronomique de Londres.

Peut-être pourrais-je rappeler, en passant, qu'en 1867, adoptant cette théorie rationnelle de la constitution des anneaux de Saturne, j'ai calculé pour la vitesse du mouvement de ces anneaux autour de la planète suivant les distances des trois anneaux principaux et publié les nombres suivants :

	Périodes.			
Anneau intérieur transparent. .	5^h 50^m	à	7^h 10^m	
Large anneau central.	7 11	à 11	9	
Anneau extérieur.	11 36	à 12	5	
Premier satellite	22 37			

Telles sont les vitesses dont doivent être animées les particules composant ce singulier système. Pour qu'il ne s'écroule pas sur la planète, il faut que ces vitesses déterminent pour chaque distance une force centrifuge égale à leur pesanteur vers le globe saturnien.

Un astronome américain, M. Keeler, a calculé les mouvements suivants pour les différentes parties du système :

	Distance au centre.	Période d'un satellite.	Vitesses.	Vitesse sur la ligne de vue au 18 avril 1895.
Bord extérieur de l'anneau.	$135\,000^{kil}$	13^h 77	17^{kil} 14	16^{kil} 35
Milieu de l'anneau.	112 500	10 46	18 78	17 95
Bord intérieur de l'anneau clair. .	89 870	7 47	21 01	20 04
Bord de la planète.	60 340	4 11	25 64	24 46
Rotation de la planète.		10 29		

Par ses photographies du spectre de Saturne et des anneaux, M. Keeler a trouvé :

Vitesse des bords de la planète sur la ligne de vue. $10^{kil}3 \pm 04$
Vitesse moyenne des anneaux. . . . . $18 \quad 0 \pm 03$

La longueur du spectre est de 23 millimètres. Le foyer est ajusté sur la raie 5 352, dans le jaune vert. Les raies se montrent clairement déplacées par le mouvement opposé des anses, l'orientale s'approchant de nous tandis que l'occidentale s'en éloigne, et les extrémités extérieures de ces lignes sont moins déplacées que les intérieures, ce qui prouve que *le mouvement des zones intérieures de l'anneau est plus rapide que celui des zones extérieures.*

Cet observateur n'a pas du tout, comme le disent les journaux, « distingué les corpuscules constitutifs de ces anneaux et observé leur déplacement ». La méthode est bien différente. Il s'agit du spectroscope. C'est en observant les raies du spectre fourni par les anses de l'anneau à l'est et l'ouest, qu'il a cherché à déterminer la vitesse du mouvement dans le sens de notre rayon visuel, un côté s'approchant de nous, tandis que l'autre s'en éloigne. L'observateur a appliqué aux anneaux de Saturne une méthode qui a été déjà été appliquée fructueusement à l'observation du Soleil : en comparant les raies des spectres fournis par le bord oriental et le bord occidental du Soleil, on vérifie que le mouvement des deux bords s'effectue en sens contraire, avec une vitesse de 2000 mètres par seconde, comme j'ai eu un jour le plaisir de le constater moi-même à l'Observatoire de Nice, en compagnie du regretté Thollon, qui venait d'imaginer cette ingénieuse observation.

C'est de la même manière que M. Keeler a procédé pour Saturne. Il a trouvé que, conformément à la théorie, les régions intérieures de l'anneau tournent plus vite que les régions extérieures. Les particules éloignées de la planète ont dû lui présenter une vitesse de 16000 mètres par seconde, et les plus rapprochées une vitesse de 20000 mètres.

On le voit, sans être une découverte nouvelle, c'est une vérification très ingénieuse qui démontre la théorie mathématique des anneaux de Saturne, et qui fait le plus grand honneur au savant astronome américain.

En résumé, il est démontré désormais que Saturne est un globe 719 fois plus gros que la Terre, 92 fois plus lourd, d'une faible densité (les 13 centièmes seulement de celle de notre globe : c'est la plus faible de tout le système solaire), entouré d'une famille de huit satellites et de milliards de corpuscules minuscules tournant rapidement autour de lui. Sa rotation est d'environ $10^h 15^m$ (elle varie sans doute suivant les zones, comme celle de Jupiter), et celle de ses anneaux s'étend de $5^h 50^m$ à $12^h 5$, suivant la distance.

UN ŒIL NOUVEAU

Certes, l'œil humain est un appareil d'optique bien admirable. Quelle transparence dans ce cristal vivant, quelles nuances délicieuses dans cet iris, quelle profondeur ou quel charme ! C'est la vie, c'est la passion, c'est le désir, c'est la volonté, c'est la lumière. Fermez tous ces yeux : que resterait-il de la création ?

Et pourtant, voici un œil nouveau, qui vient compléter le nôtre et qui le surpasse, plus merveilleux encore.

Cet œil, dont je viens d'admirer les visions, mesure près d'un mètre de diamètre, et 15 mètres de profondeur. Son cristallin est formé d'une immense lentille de verre, et sa rétine d'une plaque chimique très sensible.

OEil géant, en vérité, car l'homme qui en serait muni devrait avoir dans nos proportions organiques une taille de cent mètres de hauteur, et ne pourrait passer sous la tour Eiffel qu'en se courbant fort humblement ; œil géant qui est doué de quatre avantages considérables sur le nôtre : il voit *plus vite, plus loin, plus longtemps*, et, faculté précieuse, il fixe, imprime, conserve ce qu'il voit.

Plus vite : en un millième de seconde, il photographie le soleil, ses taches, ses tourbillons, ses flammes, ses montagnes de feu, en un document impérissable.

Plus loin : dirigé vers un point quelconque du ciel pendant la nuit la plus profonde, il découvre dans les abîmes de l'Infini des étoiles, des mondes, des univers, des créations que jamais, jamais, notre œil ne pourrait voir à l'aide de n'importe quel télescope.

Plus longtemps : ce que nous ne sommes pas parvenus à voir, ce qui reste insensible à notre rétine, nous ne le verrons jamais ; lui, n'a qu'à regarder assez longtemps : au bout d'une demi-heure, il distinguera ce qu'il ne voyait pas, au bout d'une heure il verra mieux encore, et plus il restera fixé vers l'inconnu, mieux il le possédera, sans fatigue, et toujours mieux.

Et il conserve sur sa plaque rétinienne tout ce

qu'il a vu. Notre œil ne garde qu'un instant les images. Supposez, par exemple, que vous assommiez un homme au moment où, tranquillement assis dans son fauteuil, il a les yeux ouverts devant une fenêtre vivement éclairée (la supposition n'a rien d'exorbitant sur une planète dont tous les citoyens sont soldats et s'entre-tuent au taux moyen de onze cents par jour), puis, que vous lui arrachiez les yeux (nous venons de dire qu'il s'agit d'un « ennemi »), et que vous les immergiez dans une solution d'alun. Ces yeux conserveront l'image de la fenêtre, avec ses barres transversales et ses ouvertures éclairées. Mais dans l'état normal des choses, nos yeux ne gardent pas les images... il [y en aurait trop d'ailleurs. L'œil géant dont nous parlons conserve tout ce qu'il a vu. Il n'y a qu'à changer la rétine.

Cet œil nouveau, c'est l'œil photographique.

Les principaux astronomes du monde viennent de se réunir à l'Observatoire de Paris pour décider son application immédiate à une étude nouvelle et complète du ciel étoilé.

De magnifiques spécimens de photographies de la Lune, du Soleil, des étoiles, des nébuleuses, des planètes même ont été présentés au congrès et ont donné une idée de ce qu'on peut attendre des nouveaux procédés. Comme on l'a vu aux premières pages de ce petit livre, certaines photographies nous montrent les montagnes et les cratères lunaires avec la netteté la plus admirable.

Ainsi, d'abord, cet œil voit plus vite, et mieux, et sans fatigue. On photographie aujourd'hui les éclairs, que l'on peut étudier ensuite à loisir sur les clichés, et qui montrent les titanesques batailles de l'étincelle électrique franchissant l'océan aérien et y rencontrant mille obstacles, mille résistances de tout ordre qui font varier sa route et lui impriment souvent les mouvements les plus désordonnés. On photographie un cheval au galop qui subitement se trouve immobilisé ; on photographie un train express, on photographie le boulet de canon et l'obus surpris, arrêtés sur leur trajectoire.

Oui, cette rétine artificielle voit plus vite et mieux. Et par une propriété absolument contraire, elle sait pénétrer en des abîmes où nous ne voyons et ne verrions jamais rien. C'est peut-être même ici sa faculté la plus stupéfiante encore.

Mettons l'œil, par exemple, à l'oculaire d'une lunette dont l'objectif mesure 30 centimètres d'ouverture : ce sont là, actuellement, les meilleurs instruments, comme usage pratique des observatoires.

Dans cette lunette de 30 centimètres de diamètre et de 3 mètres et demi de longueur, nous découvrons les étoiles jusqu'à la *quatorzième grandeur*, c'est-à-dire environ quarante-quatre millions d'astres de toute nature.

Tout le monde sait que les étoiles visibles à l'œil nu s'arrêtent à la sixième grandeur et que ce mot de grandeur doit s'entendre simplement de l'éclat apparent des étoiles, celles de première grandeur étant les plus brillantes, celles de seconde étant un peu moins brillantes, et ainsi de suite, celles de sixième étant les dernières que l'on puisse voir à l'œil nu. Voici le nombre probable des étoiles de chaque grandeur, jusqu'à la quatorzième :

Grandeurs.	Nombres.
1re	20
2^e	59
3^e	182
4^e	530
5^e	1 600
6^e	4 800
7^e	13 000
8^e	40 000
9^e	120 000
10^e	380 000
11^e	1 000 000
12^e	3 000 000
13^e	9 000 000
14^e	27 000 000

Ces dernières étoiles sont visibles dans les instruments actuels des Observatoires. On voit que le total de ces quatorze premiers ordres d'éclat dépasse dejà quarante millions. Essayer de cataloguer cette armée céleste serait non seulement un travail surhumain, mais encore absolument irréalisable : car des erreurs inévitables se glisseraient dans un pareil nombre d'observations, ainsi que dans leurs réductions, leurs transcriptions et leur placement sur une carte.

Des années et des années ne suffiraient pas, et, pendant qu'on essayerait, les étoiles se déplaceraient elles-mêmes dans l'espace, car chacune d'elles est animée d'un mouvement propre.

Or, la photographie peut faire cela toute seule pour ainsi dire, peindre le ciel entier, et de la manière la plus simple, grâce aux perfectionnements apportés, depuis quelques années surtout, dans les méthodes d'opération. Et savez-vous en combien de temps cette œuvre gigantesque, ce monument impérissable de l'astronomie moderne pourrait être obtenu ? *En treize minutes !* Voici, en effet, la durée de pose nécessaire pour que les étoiles des diverses grandeurs impressionnent les nouveaux clichés au gélatino-bromure.

Grandeur.	Durée de pose.
1re	0s 005
2e	0s 01
3e	0s 03
4e	0s 1
5e	0s 2
6e	0s 5
7e	1s 3
8e	3s 0
9e	8s 0
10e	20s 0
11e	50s
12e	2m
13e	5m
14e	13m

Ainsi, cinq millièmes de seconde suffisent pour photographier une étoile de première grandeur; une demi-seconde suffit pour photographier les plus petites étoiles visibles à l'œil nu; treize minutes sont nécessaires pour photographier celles de quatorzième grandeur.

Si, à un certain moment, 8 000 lunettes disposées pour cette photographie pouvaient être braquées en même temps tout autour de la terre sur 8 000 points du ciel contigus, ces 8 000 clichés auraient photographié le ciel tout entier, et les quarante millions d'étoiles dont nous parlions tout à l'heure. Juxtaposés, ces 8 000 clichés de cinq degrés chacun représenteraient les 41 000 degrés carrés dont se compose la surface du ciel.

Cette sorte de photographie instántanée du ciel serait l'idéal, mais elle ne peut se faire : d'abord, parce qu'à quelque moment que ce soit, la nuit ne s'étend que sur moins de la moitié du globe ; ensuite, parce que l'atmosphère n'est jamais parfaitement pure sur d'immenses contrées à la fois ; enfin, parce que ces 8 000 instruments seraient une dépense considérable, qu'il est plus simple et plus pratique de réduire à son minimum.

Lorsqu'il y a deux mille ans, Hipparque donna à la science le premier catalogue d'étoiles, les historiens exprimèrent leur admiration, et Pline qualifia cette entreprise de téméraire « même pour un dieu ». Le catalogue de l'astronome de Rhodes contient 1 022 étoiles. Nos catalogues actuels en renferment près d'un million. Les deux cartes générales que l'on prépare renfermeront, la première deux millions et demi d'étoiles dont les positions seront calculées et cataloguées ; la seconde, trente millions.

Dix-huit Observatoires disséminés tout autour du globe terrestre se sont partagé l'œuvre à accomplir. Chacun d'eux s'est engagé à fournir, en moyenne, douze cents clichés d'une pose de cinq minutes et un même nombre d'une pose d'une heure. Il faut 11 027 de ces clichés pour couvrir le ciel tout entier. Chaque cliché prend deux degrés carrés sur le ciel et mesure 16 centimètres. Cette immense carte céleste représentera une sphère de 21 mètres de circonférence ou de 3^{m}44 de rayon. Les instruments qui servent à faire ces photographies sont identiques pour les dix-huit Observatoires : ce sont des équatoriaux dont l'objectif mesure 0^{m}33 de diamètre et dont la longueur est de 3^{m}43. Chaque Observatoire, avons-nous dit, doit faire douze cents clichés. Il faut choisir les nuits de ciel pur et les heures de visibilité des divers points du ciel. Puis, quand toutes les photographies ont réussi, il faut les rendre inaltérables pour l'avenir, les étudier chacune séparément, déterminer les coordonnées géométriques de la première série de plaques destinée établir le catalogue de deux millions et demi d'étoiles. Nous en avons pour une quinzaine d'années. Ce sera un legs magnifique de notre siècle aux siècles futurs, et qui préparera la solution du grand problème de la constitution générale de l'univers.

On voit par là, comme on l'a vu récemment par les rayons Roëntgen, que l'œil photographique est vraiment un œil nouveau, dont la vision dépasse de beaucoup celle de notre œil périssable.

Laissons l'œil photographique regarder au lieu du nôtre : il pénétrera dans l'inconnu. Les étoiles invisibles pour nous deviennent visibles pour lui. Au bout de trente-trois minutes d'exposition, les étoiles de la quinzième grandeur auront fini par impressionner la rétine chimique et y former leur image.

Le même instrument qui montre à l'œil humain les astres de la quatorzième grandeur, et qui, dans le ciel entier, enregistrerait environ 44 millions d'étoiles, en montre, à l'œil photographique, 134 millions dès la première réquisition pour obtenir la quinzième grandeur. Il atteindrait la seizième à la seconde réquisition, en une heure vingt minutes de pose, et jetterait sous l'admiration éblouie du contemplateur une poussière lumineuse de quatre cents millions d'étoiles ! (*).

Que nos lecteurs en jugent eux-mêmes par la plaque photographique que nous reproduisons ici. Elle a été prise dans la constellation du Cygne, en pleine voie lactée, par M. Barnard. Plage de diamants dont chaque point est un soleil !

Jamais encore, dans toute l'histoire de l'humanité, on n'a eu en mains la puissance de pénétrer

---

(*) Quatre cents millions ! Comprend-on bien ce nombre ? Il dépasse sensiblement nos conceptions habituelles, surtout lorsqu'on sait que chaque étoile est un soleil. Cependant, ce n'est pas l'astronomie qui nous donne *le plus grand nombre qu'on ait jamais écrit*. Voy. à l'APPENDICE.

CHAMP CÉLESTE PHOTOGRAPHIÉ.

aussi profondément dans les abîmes de l'Infini. Avec les perfectionnements nouveaux, la photographie prend nettement l'image de chaque astre, quelle que soit sa distance, et elle la fixe en un document que l'on peut ensuite étudier à loisir. Qui sait si quelque jour, dans les vues photographiques de Vénus ou de Mars, une nouvelle méthode d'analyse n'arrivera pas à découvrir les habitants! Et sa puissance s'étend jusqu'à l'infini. Voilà une étoile de quinzième, de seizième, de dix-septième grandeur, un soleil comme le nôtre, éloigné à une telle distance de nous que sa lumière emploie des milliers, peut-être des millions d'années à nous parvenir, malgré sa vitesse inouïe de trois cent mille kilomètres par seconde, et ce soleil gît à une telle profondeur que sa lumière ne nous arrive pour ainsi dire plus. Jamais l'œil naturel de l'homme ne l'aurait vu, jamais l'esprit humain n'en aurait deviné l'existence sans les instruments de l'optique moderne. Et voilà que cette faible lumière, venue de si loin, suffit pour impressionner une plaque sensible qui en conservera inaltérablement l'image.

Et cette étoile pourrait être du dix-huitième, du vingtième ordre et au-dessous, si petite que jamais les yeux humains, aidés même des plus puissants pouvoirs télescopiques, ne la verront (car il y aura toujours des étoiles au delà de notre vision). Et pourtant elle viendra frapper de sa petite flèche éthérée la plaque chimique exposée pour l'attendre et la recevoir.

Oui, sa lumière aura voyagé pendant des millions d'années. Lorsqu'elle est partie, la terre n'existait pas, la terre actuelle avec son humanité; il n'y avait pas un seul être pensant sur notre planète; la genèse de notre monde était en voie de développement; peut-être seulement, dans les mers primordiales qui enveloppaient le globe avant le soulèvement des premiers continents, les organismes primitifs élémentaires se formaient-ils au sein des eaux, préparant lentement l'évolution des âges futurs. Cette plaque photographique nous fait remonter à l'histoire passée de l'Univers. Pendant le trajet éthéré de ce rayon de lumière qui vient aujourd'hui frapper cette plaque, toute l'histoire de la terre s'est accomplie, et, dans cette histoire, celle de l'humanité n'est qu'une onde, qu'un instant. Et durant ce temps, l'histoire de ce lointain soleil qui se photographie aujourd'hui s'est accomplie aussi; peut-être est-il éteint depuis longtemps, peut-être n'existe-t-il plus!...

Ainsi cet œil nouveau qui nous transporte à travers l'Infini nous fait en même temps remonter les stades de l'Éternité passée.

L'Infini! l'Éternité! L'astronomie contemporaine nous y plonge et nous y noie. Quelle mesure en pouvons-nous prendre? En volant avec la vitesse de l'éclair, nous emploierions des millions d'années pour atteindre les régions où brillent ces univers lointains; mais, transportés là, nous n'aurions réellement pas avancé d'un seul pas vers les limites de l'espace : car l'espace est sans bornes, l'infini est sans mesure, et partout, dans toutes les directions, il y a tant d'univers, tant de soleils consécutifs, que si nous laissions la plaque photographique assez longtemps exposée, elle finirait par se couvrir de points lumineux contigus et serrés au point de ne plus former qu'un ciel d'éblouissante lumière. Car partout, en quelque point que nous dirigions notre rayon visuel, il y a une infinité de soleils les uns derrière les autres.

Et nous vivons sur l'un de ces mondes, sur l'un des plus médiocres, en un point quelconque de l'immensité sans bornes, éclairés par l'un de ces innombrables soleils, dans un horizon restreint, véritable cocon de ver à soie, ignorant toutes les causes, éphémères d'un instant, nous pénétrant d'une illusoire vue du monde, ne voyant presque rien d'ailleurs, assez minuscules pour nous imaginer que nous connaissons quelque chose, nous flattant même avec un béat sentiment d'orgueil de

dominer la nature, fiers d'une illusion prise pour
la réalité. Nous tranchons les questions. Nous nous
déclarons matérialistes sans connaître un mot de
l'essence de la matière, spiritualistes sans connaître un mot de la nature de l'esprit; mais au
fond de tout être pensant le scepticisme demeure,
parce que nous sommes incapables de rien ap-
précier.

Notre minuscule planète perdue est encore trop
vaste pour notre conception, car nous avons in-
venté le patriotisme de clocher, et toute l'organisation des divers groupes sociaux qui se partagent
le globe est fondée sur les armes.

Ah! l'astronome souhaiterait que les conduc-
teurs de peuples, les législateurs, les politiciens
eussent la faculté de pouvoir regarder une carte
céleste et de la comprendre. Cette calme contemplation serait peut-être plus utile à l'humanité que
tous les congrès de souverains et tous les discours
diplomatiques. Si l'on savait combien la Terre est
minuscule, peut-être cesserait-on de la couper en
morceaux. La paix régnerait sur le monde, la
richesse sociale succéderait à la ruineuse et hon-
teuse folie militaire, les divisions politiques s'effa-
ceraient, et les hommes pourraient seulement
alors s'élever librement dans l'étude de l'Univers,
dans la connaissance de la nature, et vivre des

jouissances de la vie intellectuelle. Mais nous n'en sommes pas là; et l'œil photographique révélera bien des mystères célestes avant que l'œil humain voie la raison et la science établir leur règne sur notre boule tournante.

HOMMES ET FEMMES PLANÉTAIRES

Les études récentes qui viennent d'être faites sur Vénus, Mars et Jupiter, les découvertes inattendues dont notre voisine la planète Mars a été l'objet, les progrès réalisés par la Spectroscopie et la Photographie célestes, tout semble actuellement concourir à diriger l'attention des astronomes, des philosophes, des naturalistes, des poètes même, vers la suprême question posée à l'esprit humain par le spectacle de l'Univers. Qu'y a-t-il en ces lointains séjours? Avons-nous des raisons suffisantes pour admettre que ces autres mondes soient peuplés comme le nôtre, et si la vie est apparue, en ces terres du ciel comme en notre patrie sublunaire, offre-t-elle quelque ressemblance avec celle à laquelle nous appartenons?

En un mot, ces autres mondes sont-ils habités, et, s'ils le sont, leurs citoyens nous ressemblent-ils?

La question est beaucoup plus sérieuse, plus vaste et plus complexe que semblent le croire certains esprits même scientifiques. Sans doute, on peut s'en désintéresser absolument, car elle n'est d'aucune utilité pratique, et les générations actuelles étant élevées dans le culte des intérêts matériels et dans l'opinion que l'exercice de l'intelligence doit consister avant tout à « gagner de l'argent », la masse des humains peut et doit vivre sans se préoccuper en quoi que ce soit des merveilles de la création. Pourquoi élever les yeux vers le ciel? Pourquoi admirer un coucher de soleil? Pourquoi contempler un paysage endormi dans la blanche lumière du clair de lune? Pourquoi entendre le souffle du vent dans les arbres? Pourquoi aimer le silence de minuit? Pourquoi respirer les roses?... Tout cela ne rapporte rien. *Time is money! Business! Business!* Humains, mes frères, cela vous suffit.

Mais il y a une minorité intellectuelle à laquelle l'ignorance native ne suffit pas. Il y a des êtres curieux de l'inconnu. Il y a des âmes qui pensent, qui agissent, qui cherchent. Et cette minorité spirituelle constitue à elle seule toute la gloire de l'humanité ; c'est à elle que nous devons les progrès des sciences, des lettres et des arts ; c'est à ses efforts, à ses labeurs, à ses aspirations, à ses conquêtes, que nous devons de n'être plus aujourd'hui trop proches parents des gorilles et des chimpanzés et d'avoir élevé Paris sur l'emplacements des antiques forêts tertiaires.

Tous ceux qui pensent, néanmoins, ne pensent pas de la même façon, même sur le sujet tout spécial qui fait l'objet de cet article. La plupart même le jugent beaucoup trop superficiellement. Nous voudrions montrer ici que les derniers progrès de la Science nous conduisent à étendre à l'Univers entier, à l'infini, le principe de vie dont la Terre ne représente qu'une minuscule application, mais que, d'une part, les manifestations terrestres de la vie ne limitent pas les formes possibles, et que, d'autre part, l'époque actuelle n'est qu'une vague dans l'océan des âges. Sans que cela paraisse, la question est tout aussi mondaine que s'il s'agissait pour nous d'étudier, en détail et sur le vif, les corps, non dépourvus d'intérêt, d'Aspasie, de Phryné, de Cléopâtre, d'Agnès Sorel, de Diane de Poitiers ou de Lucrèce Borgia.

Le premier point qui nous frappe dans l'étude des autres mondes, c'est de savoir s'ils nous ressemblent. Lorsque nous observons la Lune ou Vénus, Mars ou Jupiter, au télescope, nous cherchons d'abord, instinctivement et comme naturellement, s'il y a là des analogies avec le monde que nous habitons. Nos efforts tendent à déterminer les conditions d'habitabilité, les climats, les saisons, l'état de l'atmosphère, la densité, la pesanteur, la durée du jour et de la nuit, la météorologie de chaque monde, dans l'idée préconçue que le degré de probabilité en faveur de l'existence de la vie est parallèle au degré de ressemblance avec la planète que nous habitons.

Nous avons, certes, quelques droits de raisonner ainsi : car, en ce qui concerne la vie, nous ne connaissons que celle qui existe autour de nous. L'observation directe des faits terrestres nous conduit à penser qu'une atmosphère identique à la nôtre est nécessaire à la vie, qu'il faut de l'eau justement identique à la nôtre, une température ni trop froide ni trop chaude, des matériaux ni trop denses ni trop légers, des années ni trop longues ni trop courtes, en un mot des conditions identiques ou du moins très analogues aux nôtres. Un monde dépourvu d'oxygène, par exemple, est jugé par nous radicalement inhabitable, par la raison que, si l'oxygène disparaissait de l'atmosphère terrestre, l'humanité entière périrait instantanément. De même, un monde dépourvu d'eau — j'entends de notre eau chimique, composée de 2 volumes d'hydrogène et de 1 d'oxygène — est déclaré inhabitable par les savants de la Terre. La même exclusion s'appliquerait à un monde dépourvu de carbone, etc.

Eh bien! ces raisonnements de savants sont, nous l'avons déjà dit, des raisonnements de poissons. Imaginez un instant deux ablettes argentées causant ensemble au fond d'une rivière inondée de soleil (les poissons s'entendent fort bien entre eux, malgré leur apparent mutisme). L'une des deux, qui faillit plus d'une fois se laisser prendre à l'hameçon tentateur, mais qui, douée d'une certaine finesse d'observation, reconnaît les pêcheurs à leur approche, assure à sa camarade qu'il y a du monde hors de l'eau. Celle-ci, parfaitement instruite sur les conditions de la vie poissonnière et sur le fonctionnement des branchies, écrase facilement son illuminée d'adversaire sous le poids de ses arguments scientifiques? « Vivre hors de l'eau! quel poisson de bon sens peut écouter un seul instant de telles balivernes. Allons donc! Une huître même ne croirait pas à de pareils contes. Les ombres que l'on voit passer sur le rivage ne sont pas vivantes. Ce sont des illusions d'optique. Vivre hors de l'eau! quelle plaisanterie ! Il faut de l'eau pour vivre, et de la bonne eau douce, quoi qu'en ait dit l'autre jour cette vénérable truite saumonée qui prétendait avoir voyagé jusqu'à l'Océan et avoir rencontré de vrais poissons vivant dans l'eau salée ! Fi ! »

Un docteur en Sorbonne ne serait ni plus logique ni plus serré dans son argumentation, quoique sans doute il l'eût exprimée en langage plus relevé. Il est juste de reconnaître toutefois que nous sommes excusables de juger de la sorte. Nous avons étudié les conditions de la vie sur la Terre et leurs limites, et nous ne devinons pas facilement comment la vie pourrait exister en d'autres conditions.

Pourtant, un coup d'œil jeté sur l'ensemble de la vie terrestre nous invite à ne pas enfermer notre horizon dans un cercle trop étroit. Déjà l'immense différence qui sépare la vie aquatique de la vie aérienne est un premier indice des ressources infinies de la Nature. Naguère encore, les naturalistes à courte vue enseignaient que les profondeurs océaniques ne peuvent être peuplées d'aucun être, surtout à cause de l'énorme pression qui règne en ces abîmes et qui, disait-on, serait capable de faire éclater des pièces de canon, et à cause de l'obscurité perpétuelle qui y empêche tout travail moléculaire. Un curieux veut en avoir le fin mot, jette la sonde à mille, deux mille, trois mille mètres de profondeur, et en ramène des merveilles vivantes, de ravissants mollusques d'une extrême délicatesse, des êtres gracieux comme des papillons, qui vivaient là, dans l'équilibre parfait des couches profondes, jouant les jeux de la vie dans une lumière qu'ils fabriquent eux-mêmes, étant phosphorescents ! Quel démenti ! et quelle leçon !

La vie ! la vie ! mais elle rayonne partout sur le globe, depuis les noires profondeurs de l'Océan jusqu'aux blanches cimes des neiges éternelles ; elle frémit dans un rayon de soleil ; elle pullule dans une goutte d'eau ; elle emplit l'air de microbes ; elle se multiplie, parasites sur parasites, au détriment de la vie elle-même ; elle enveloppe tout le globe d'un réseau sans fin, qui se reforme perpétuellement de lui-même ; elle se montre dans la terre, dans l'eau, dans l'air, dans la plante, dans l'animal, se dévorant elle-même plutôt que de cesser d'être ; elle déborde de toutes parts de la coupe terrestre, trop étroite pour la contenir, et nous aurions la prétention de lui tracer des bornes ?... Poissons que nous sommes !

De quel droit dire à l'énergie vitale qui rayonne dans l'Univers : « Tu viendras jusqu'ici et tu

n'iras pas plus loin! » Au nom de la Science ?
Erreur complète. Le connu est une île minuscule
au milieu de l'immense océan de l'inconnu. Les abîmes de la mer, qui semblaient une barrière, viennent de se montrer peuplés d'une vie spéciale. On
objecte : Mais, après tout, il y a là aussi de l'air, de
l'oxygène. L'oxygène est indispensable. Un monde
sans oxygène est un monde voué à la mort, un
désert éternellement stérile. Pourquoi ? parce que
nous n'avons pas encore observé d'être respirant
sans air, vivant sans oxygène? Autre erreur. Lors
même que l'on n'en connaîtrait pas, cela ne prou-
verait pas qu'il n'en existe point. Mais justement
on en connaît. Ce sont les *anaérobies*. Ces êtres-là
vivent sans air, sans oxygène. Il y a mieux : l'oxygène les tue !

Il est de toute évidence qu'en interprétant
comme il convient le spectacle de la vie terrestre
et les données positives acquises par l'étude, nous
devons élargir le cercle de nos conceptions et de
nos jugements, et ne pas borner les existences
planétaires à une image servile de ce qui existe
ici-bas. Les formes organiques terrestres sont
dues aux causes locales de notre planète. La constitution chimique de l'eau et de l'atmosphère, la
température, la lumière, la densité, la pesanteur,
sont autant d'éléments qui ont servi à former nos

corps. Notre chair est composée de carbone, d'azote, d'hydrogène et d'oxygène combinés à l'état d'eau, et de quelques autres éléments, parmi lesquels on peut encore remarquer le chlorure de sodium. La chair des animaux n'est pas chimiquement différente de la nôtre. Tout cela vient de l'eau et de l'air, et y retourne. Ce sont les mêmes éléments, en quantité très petite, qui forment tous les corps vivants. Le bœuf qui broute l'herbe se fabrique la même chair que l'homme qui mange le bœuf. Toute la matière terrestre organisée n'est que du carbone combiné en proportions variables avec l'hydrogène, l'azote, l'oxygène, etc.

Mais nous n'avons aucun droit d'interdire à la nature d'agir autrement sur des mondes où le carbone serait absent. Un monde où la silice, par exemple, remplacerait le carbone, où l'acide silicique remplacerait l'acide carbonique, ne pourrait-il être habité par des organismes absolument différents de ceux qui existent sur la Terre, différents non seulement de forme, mais encore de substance ? Un monde où le chlore dominerait ne verrait-il pas l'acide chlorhydrique et toute la féconde famille des chlorures jouer un rôle important dans les phénomènes de la vie ? Le brome ne pourrait-il pas être associé à d'autres formations ?

Et même, pourquoi nous arrêter à la Chimie terrestre? Qui nous prouve que ces éléments soient réellement simples? L'hydrogène, le carbone, l'oxygène, l'azote, le soufre ne seraient-ils pas composés? Leurs équivalents sont des multiples du premier : 1, 6, 8, 14, 16. Et l'hydrogène lui-même est-il le plus simple des éléments? Sa molécule n'est-elle pas formée d'atomes, et n'existerait-il pas une seule espèce d'atomes primitifs, dont les groupements géométriques, les associations variées constitueraient les molécules des éléments prétendus simples?

Ce qu'il y a de sûr, c'est que les merveilleuses révélations de l'analyse spectrale ne plaident pas, comme on l'a dit, en faveur d'une unité de constitution chimique dans les divers corps célestes, d'une identité absolue entre eux, loin de là. Dans notre propre système solaire, on découvre des différences essentielles entre certaines planètes. Dans le spectre de Jupiter, par exemple, on constate l'action d'une substance inconnue qui se manifeste par une forte absorption de certains rayons rouges. Ce gaz qui n'existe pas sur la Terre se montre d'une manière plus évidente encore dans les atmosphères de Saturne et d'Uranus. Sur cette dernière planète même, l'atmosphère paraît, abstraction faite de la vapeur d'eau, n'avoir aucune analogie avec la nôtre. D'ailleurs, dans le spectre solaire lui-même, une notable partie de ses raies ne sont pas encore identifiées avec les substances terrestres.

La parenté des planètes entre elles est, sans contredit, un fait indéniable, puisqu'elles sont toutes filles du même père. Mais elles diffèrent entre elles, non seulement comme situations, positions, volumes, masses, densités, températures, atmosphères, mais encore comme constitution physique et chimique. Et le point sur lequel nous appelons ici l'attention est que cette diversité ne doit pas être considérée comme un obstacle aux manifestations de la vie, mais, au contraire, comme un champ nouveau ouvert à la fécondité infinie de la mère universelle.

Lors donc que notre pensée s'envole, non seulement vers nos voisines, la Lune, Vénus, Mars, Jupiter ou Saturne, mais encore vers les myriades de mondes inconnus qui gravitent autour des soleils disséminés dans l'espace, nous n'avons aucune raison plausible pour imaginer que les habitants de ces autres terres du ciel nous ressemblent en quoi que ce soit, ni comme forme, ni même comme substance organique. La substance du corps humain terrestre est due aux éléments de notre planète, notamment au carbone. La forme humaine terrestre dérive des formes ancestrales animales d'où elle s'est élevée graduellement par le progrès continu de la transformation des êtres. Sans doute, il nous paraît bien que, pour être homme ou femme, il faut avoir une tête, un cœur, des poumons, deux jambes et deux bras, etc. Rien n'est moins démontré. Si nous sommes constitués comme nous le sommes, c'est uniquement parce que les prosimiens avaient, eux aussi, une tête, un cœur, des poumons, des jambes et des bras, moins élégants que les vôtres, Madame, c'est incontestable, mais enfin, de même anatomie. Et de proche en proche, nous remontons aujourd'hui facilement, par la Paléontologie, jusqu'à l'origine des êtres. Autant il est certain que l'oiseau dérive du reptile par un progrès de l'évolution organique, autant il est certain que l'humanité terrestre représente la cime supérieure de l'arbre généalogique immense dont tous les rameaux sont frères et dont les racines plongent dans les rudiments mêmes des organismes primitifs les plus élémentaires.

Toutes les formes imaginables et inimaginables doivent peupler la multitude des mondes. L'homme terrestre est doué de cinq sens, ou pour mieux dire de six... Pourquoi la nature se serait-elle arrêtée là ? Pourquoi, par exemple, n'aurait-elle pas doué certains êtres d'un sens électrique? d'un sens ma-gnétique? d'un sens d'orientation? d'un organe percevant les vibrations éthérées de l'infra-rouge ou de l'ultra-violet? permettant d'entendre à dis-tance, de voir à travers les murs? Nous man-geons et digérons comme de grossiers animaux : n'existe-t-il pas des mondes où l'atmosphère nu-tritive dispense ses heureux habitants d'une corvée aussi ridicule? Le moindre passereau, la sombre chauve-souris elle-même, ont sur nous l'avantage de voler dans les airs. N'est-ce pas un séjour bien inférieur que le nôtre, où l'homme du plus grand génie, la femme la plus exquise, se voient cloués au sol comme de vulgaires chenilles avant la mé-tamorphose? Eh! serait-il si désagréable d'habiter un monde où nous jouirions du privilège de nous envoler où bon nous semble? un monde de par-fums et de volupté où les fleurs seraient animées? un monde sur lequel les vents seraient incapables de fomenter une tempête? où plusieurs soleils de couleurs différentes — le diamant associé au rubis ou le grenat à l'émeraude et au saphir — rayonneraient nuit et jour, — nuits bleues, jours écarlates, — dans la gloire d'un éternel printemps, lunes multicolores dormant sur le miroir des eaux, montagnes phosphorescentes, habitants aériens, hommes, femmes, ou peut-être autres sexes, parfaits dans leurs formes, doués d'une sensibilité multiple, lumineux à volonté, incombustibles comme l'amiante, immortels peut-être, à moins d'un suicide de curiosité? Atomes lilliputiens que nous sommes, soyons donc une fois pour toutes bien convaincus que toute notre imagination n'est que stérilité, au milieu de l'infini à peine entrevu par le télescope.

Et dans ces beaux soirs de printemps, pendant que Vénus étincelle de tout son éclat, en face du spectacle sublime de la nuit étoilée, lorsque nous songerons aux mondes inconnus qui peuplent l'espace, soyons assurés qu'ils sont habités, l'ont été ou le seront, — leur cycle vital n'étant pas nécessairement contemporain du nôtre; — mais qu'une diversité infinie règne dans les champs du ciel comme dans les jardins de la Terre. Il y a là des humanités dont un grand nombre doivent être incomparablement plus avancées que la nôtre sur la route de la perfection. Notre Terre, avec toute son histoire politique, sociale et religieuse, n'est qu'une minuscule et pauvre fourmilière, n'est que le vol d'une libellule dans un rayon de soleil.

LES AUTRES MONDES

SONT-ILS HABITÉS?

Un journal du matin, rétrogradant de trois siècles, vient de découvrir que le globe terrestre représente, à lui seul, la création entière, que les étoiles et les planètes sont des accessoires de notre décor théâtral, et que les philosophes qui, comme Laplace, Lalande, Herschel, Arago, le Père Gratry, le Père Secchi, Jean Reynaud, Victor Hugo, etc., admettent que des humanités inconnues peuvent exister en d'autres régions qu'ici-bas, prennent les autres mondes pour des fromages avancés, l'humanité terrestre n'étant autre chose, selon notre gracieux confrère, que la population d'asticots d'un vieux morceau de roquefort.

Sans doute, toutes les opinïons sont libres, et ce n'est pas un spectacle trop ennuyeux de voir les gens déraisonner. Pourtant, Montaigne n'avait pas tort de donner aux écrivains de son temps le petit conseil que voici : « Je voudrais que chacun écrivît ce qu'il sait, juste comme il le sait, et rien de plus : c'est vraiment pitié de voir tant d'individus parler de choses qu'ils ignorent. » Le conseil serait encore bon à suivre aujourd'hui.

Notre confrère anonyme, qui n'a jamais observé ni Mars ni Vénus au télescope, interprète à sa façon un intéressant article que l'astronome Lowell, des États-Unis, m'a adressé sur ses dernières observations. Il nous annonce que cet astronome ne croit ni aux habitants de Mars ni à ceux de Vénus. Cette opinion personnelle ne trancherait peut-être pas tout à fait la question. Mais il y a ici une légère distinction à faire.

Ces deux mondes sont nos voisins ; toutefois, en raison de leur situation, nous connaissons incomparablement mieux Mars que Vénus. Or, précisément, la dernière conclusion de l'observateur américain que l'on m'oppose est que j'ai été trop timide en n'admettant pas comme certain que les canaux de Mars soient l'œuvre intelligente des habitants de la planète, et qu'il soient organisés pour distribuer sur toute la surface des continents les eaux rares et précieuses nécessaires à la vie végétale. En effet, je n'ai jusqu'ici présenté cette hypothèse que comme probable.

Les récentes investigations télescopiques, faites par une atmosphère de montagne particulièrement pure, non seulement confirment cette explication, mais nous montrent des combinaisons d'une apparence si intentionnelle que pour plusieurs observateurs l'hypothèse devient certitude. Sur ce monde de Mars, où il ne pleut presque jamais, où les nuages sont très rares, les seules eaux en circulation paraissent être celles qui résultent de la fonte estivale des neiges circompolaires. Et vraiment, on ne peut s'empêcher de reconnaître que le réseau géométrique des canaux ne soit admirablement adapté à la distribution la plus ingénieuse de ces eaux dans toutes les contrées du globe.

L'hypothèse que Mars est actuellement habité par une race intellectuelle très supérieure à la nôtre s'affirme graduellement, d'année en année, à mesure que les observations astronomiques deviennent plus précises. Voilà ce que savent les personnes qui sont au courant des progrès de la science.

La planète Vénus est plus mystérieuse et nous livre moins facilement ses secrets. Lorsque Mars passe à sa plus grande proximité de la Terre, il se montre à nous éclairé en plein par le Soleil, et nous pouvons observer les détails de sa surface. C'est le contraire pour Vénus : sa surface éclairée diminue à mesure qu'elle s'approche de nous, et elle finit par ne nous offrir qu'un mince croissant. On se rendra facilement compte de ces différences d'aspect en se souvenant que le monde de Mars gravite le long d'une orbite extérieure à la nôtre, tandis que Vénus circule entre la Terre et le Soleil.

Aussi ne sommes-nous pas fort avancés en ce qui concerne Vénus, à ce point que l'on doute encore si elle tourne sur elle-même, tandis que la rotation de Mars est observée depuis plus de deux cents ans. D'après les dernières observations de M. Lowell, comme d'après les travaux de M. Schiaparelli, Vénus présenterait toujours la même face au Soleil, comme la lune le fait pour nous. Jour éternel d'un côté. Nuit éternelle de l'autre. Mais nous avons vu, dans un précédent article, que les configurations observées, sont des plus incertaines, et que les dessins des divers observateurs qui ont étudié Vénus, depuis cent ans surtout, ne concordent en aucune façon. On ne doit jamais baser une conclusion sur une seule série d'observations. C'est là un principe élémentaire en astronomie, surtout lorsqu'il s'agit d'aspects à la limite de la visibilité.

Nous dénions à qui ce soit l'autorité d'affirmer que Vénus soit un monde mort, parce que, tout en étant de la même dimension que la Terre, elle en diffère à certains égards, ou parce qu'on n'y voit rien remuer, ou parce qu'elle présenterait constamment la même face au Soleil. Elle possède d'autres conditions d'habitabilité. Voilà tout.

Et, à ce propos, il est un point important que semblent ignorer de parti pris un certain nombre de dénégateurs aveugles de la doctrine de la pluralité des mondes. C'est que cette doctrine ne s'applique pas plus à l'époque actuelle qu'à toute autre. Notre temps n'a aucune importance, aucune valeur absolue. L'éternité est le champ de l'éternel semeur. Il n'y a aucune raison pour que les autres mondes soient habités *actuellement* plutôt qu'à une autre époque.

L'espace infini des cieux porte dans son sein des berceaux et des tombes, des mondes à venir et des mondes défunts. Il est plein de soleils éteints et de cimetières. Nos contradicteurs se donnent le jeu facile de nous faire dire ce que nous n'avons jamais dit. Jupiter n'est probablement pas encore habité maintenant. Qu'est-ce que cela prouve? La Terre n'était pas habitée pendant sa période primordiale : qu'est-ce que cela prouvait aux habitants de Mars ou de la Lune qui, peut-être, l'observaient à cette époque, il y a quelques millions d'années?

Prétendre que notre globe soit le seul monde habité parce que les autres ne nous ressemblent pas, c'est raisonner, non pas comme un philosophe, mais, nous l'avons déjà remarqué, comme un poisson. Tout poisson raisonneur doit s'imaginer qu'il est impossible de vivre hors de l'eau, sa vue et ses connaissances ne s'étendant pas au delà de sa vie quotidienne. Il n'y a donc pas à répondre à ce genre de raisonnement, sinon à conseiller à nos adversaires de voir un peu plus loin que le bout de leur nez et d'agrandir, s'ils en sont capables, l'horizon trop étroit de leurs idées habituelles. On peut aussi leur conseiller de ne pas y mêler la question religieuse, s'ils ont quelque souci de ne pas compromettre eux-mêmes des sentiments respectables en les associant à leurs erreurs d'appréciation et à leur complète ignorance des vérités conquises par la science moderne. Ignorance vraiment remarquable d'ailleurs : car, dans ces mêmes articles, ils confondent Mars avec Vénus et prétendent que les observations récentes contredisent l'hypothèse de l'habitation actuelle de Mars par des êtres intelligents. Ce qui est juste le contraire de la vérité, les observateurs dont nous parlons allant même jusqu'à conclure que les canaux de Mars sont *certainement* l'œuvre des habitants, ce que nous n'avons jamais avancé que comme hypothèse.

Mais je remarque, depuis une trentaine d'années, que la plupart de nos contradicteurs sont de mauvaise foi, car il y a des degrés d'ignorance inadmissibles : ils sont donc un peu au-dessous des poissons, et nous ne nous occupons guère d'eux que dans nos classifications zoologiques.

Tout récemment [1], un astronome, M. Scheiner, a pris pour thèse de réduire à son minimum le nombre des mondes *actuellement* habités. N'en trouvant que deux dans notre système solaire, et admettant la même proportion pour les autres soleils connus par les investigations télescopiques, il concluait à l'existence actuelle de « cent mille terres célestes » habitées par des êtres plus ou moins intelligents, peut-être plus raisonneurs que raisonnables, mais constitués tout autrement que nous, et *munis d'autres sens*, très différents des nôtres. « Combien avez-vous de sens ? demandait Micromégas au Saturnien. — Soixante-douze, répondait celui-ci, et nous nous plaignons tous les

---

1. Voy. notre ouvrage *Rêves étoilés*, p. 213-228.

jours du peu. — Je le crois bien, reprenait Micro-mégas, car dans notre globe nous avons près de mille sens, et il nous reste encore je ne sais quelle vague inquiétude qui nous avertit qu'il y a des êtres beaucoup plus parfaits. »

On peut raisonner avec Montaigne et Voltaire, qui étaient peut-être un peu astronomes sans le savoir. Les plus grands savants d'aujourd'hui peuvent encore parler comme Micromégas.

COMMENT ARRIVERA LA FIN DU MONDE

On peut, dès aujourd'hui, annoncer la fin du monde aussi sûrement que si cet événement s'accomplissait actuellement sous nos yeux. Et nous parlons ici non seulement de la fin du monde que nous habitons, non seulement de la ruine de l'humanité terrestre avec toutes ses œuvres et de la destruction de la Terre entière, mais encore de la fin de tous les mondes de notre système céleste et de la fin du Soleil lui-même, source de la lumière, de la chaleur, du mouvement et de la vie. Le jour viendra où ce brillant Soleil sera éteint; où la vie terrestre sera endormie dans un éternel sommeil; où notre globe, obscur et glacé, tournera, cimetière silencieux et solitaire, dans la nuit étoilée, autour de son ancien soleil devenu astre invisible; où toutes les planètes rouleront, boulets noirs, autour d'un boulet noir.

Alors, toutes les grandeurs humaines, tout ce qui, à l'heure présente, fait battre les cœurs et excite l'enthousiasme des mortels, l'amour, la gloire, la recherche de la vérité, le sentiment religieux, le culte de la patrie, la fortune, les vanités diverses, tout aura disparu de la Terre, morte, froide et obscure.

La sensation de vivre est une impression agréable, qui souvent suffit à elle seule pour nous permettre de dominer les plus cruelles épreuves et ne point désespérer. Cesser de vivre nous paraît la plus sombre des perspectives, et tout être qui pense ne peut regarder en face cette perspective sans ressentir un vide profond, et comme le vertige de l'abîme et du néant. Cependant nous cessons en quelque sorte de vivre tous les jours en nous endormant. Nous perdons la notion du monde extérieur et la connaissance de nous-mêmes, et cette délicieuse sensation de vivre, qui nous est si douce et si chère, disparaît avec le sommeil.

Mais nous comptons sur le réveil !

Lorsque notre planète s'endormira, lorsque l'humanité fermera sa paupière, ce sera pour ne plus se réveiller. La nuit sera sans lendemain.

Quand et comment cette fin de notre monde arrivera-t-elle ? Telle est la question que nous allons examiner ensemble.

I

La Terre, comme chacun de nous, peut mourir soit d'accident, soit de maladie, soit de vieillesse. Tout arrive dans l'infini. Le devoir du penseur est d'étudier les causes, d'essayer un diagnostic appuyé sur l'analyse complète des conditions de la vie terrestre, et de conclure d'après le calcul des probabilités.

Mettons donc les connaissances scientifiques actuelles au service de notre imagination pour passer en revue les diverses destinées que la nature semble réserver à la planète que nous habitons. Sans doute, il peut se faire que, lorsque nous aurons cru avoir comparé toutes les causes de mort et nous être décidés en faveur de la plus probable, nous ayons pensé à tout excepté à ce qui arrivera réellement. Nous serions alors un peu dans la situation du médecin qui vient prendre des nouvelles d'un malade en convalescence et qui, apprenant sa mort, déclare qu'il est mort guéri. Mais le moyen de faire autrement ? Aurions-nous la prétention de pouvoir tout deviner ? Ce serait être légèrement naïfs. D'autre part, de ce que nous sommes assurés de l'insuffisance de notre savoir, serait-ce une raison pour ne rien chercher du tout et pour poser tranquillement notre tête sur l'oreiller de l'indifférence ? C'est l'avis de beaucoup d'hommes fort sérieux de notre fin de siècle, et qui se croient excessivement forts.

Néanmoins, il reste encore des curieux, et plus d'une douzaine. Nous en sommes, et voilà pourquoi nous posons le problème, ne serait-ce que pour le seul plaisir de le discuter.

Oui : comment la Terre mourra-t-elle ?

Mais d'abord, mourra-t-elle ?

Elle est jeune, oh ! très jeune. Son humanité n'a pas encore l'âge de raison. Cette race, qui se sent destinée à devenir un jour raisonnable, n'est encore que raisonneuse, et à peine. Elle balbutie les premiers rudiments du langage, mais sans bien entendre ce qu'elle dit. La première éducation qu'elle donne à ses enfants est de leur apprendre à s'entre-fusiller en musique. Le principal emploi qu'elle fait de ses ressources est de les détourner de tout travail productif pour les appliquer à la destruction de l'humanité elle-même. Les principes les plus avancés du progrès social sont d'affirmer que les hommes sont égaux et que Ravachol et Caserio valent Newton et Vincent de Paul. Et pour prouver qu'ils ont raison, ils n'ont encore rien trouvé de mieux qu'un bon coup de poing. On n'a sans doute pas des idées pareilles chez les habitants de Mars. Oh! oui, elle est très jeune, notre humanité. Disons quatre ans, et mal élevée, enfant d'un faubourg d'un système solaire, et quel faubourg ! Mais enfin, et sans doute justement à cause de cette extrême jeunesse, elle ne demande qu'à vivre, elle sent qu'elle grandira, et ne songe pas du tout, dans sa blonde et inculte petite chevelure frisée, qu'elle aura un jour des cheveux blancs, qu'elle oubliera les jeux féroces d'un âge irresponsable et sans pitié, qu'elle aura vécu pendant des siècles et des siècles dans la gloire des œuvres intellectuelles, et qu'après avoir parcouru le long cycle de ses destinées, elle descendra lentement vers les marches du tombeau.

Elle n'a pas cent mille ans, et elle peut vivre des millions d'années ; nous allons le voir. Mais aussi, elle pourrait bien mourir d'accident.

Et d'abord, au point de vue astronomique seul, notre planète est exposée à plus d'un péril, à plus d'un piège. L'enfant qui naît en ce monde et qui est destiné à devenir homme ou femme peut être comparé à un individu qui serait placé à l'entrée d'une rue assez étroite, dans le genre de ces rues pittoresques et arquebusières du XVIe siècle, bordées de maisons dont chaque fenêtre serait occupée par un chasseur armé d'un bon fusil dernier modèle. Il s'agit pour cet individu de parcourir cette rue dans toute sa longueur et d'éviter la fusillade dirigée sur lui presque à bout portant. Toutes les maladies sont là qui nous menacent et nous guettent : la dentition, les convulsions, le croup, la méningite, la rougeole, la petite vérole, la fièvre typhoïde, la pneumonie, l'entérite, la fièvre cérébrale, l'anévrisme, la phtisie, le choléra, l'influenza, etc., etc., car nous en omettons plus d'une que nos lecteurs et lectrices n'auront pas de peine à adjoindre à cette énumération de premier jet. Notre infortuné voyageur arrivera-t-il sain et sauf au bout de la rue ? S'il y arrive, ce sera pour y mourir tout de même.

Notre planète court ainsi dans sa rue solaire, avec une vitesse de plus de cent mille kilomètres à l'heure, et le Soleil l'emporte en même temps, avec toutes les planètes, vers la constellation d'Hercule. Elle peut rencontrer sur son chemin un boulet invisible beaucoup plus gros qu'elle, et dont le choc suffirait pour la réduire en vapeur.

Elle peut rencontrer un soleil qui la consumerait instantanément, comme une fournaise dans laquelle on jette une pomme. Elle peut rencontrer un essaim d'uranolithes qui feraient sur elle l'effet d'une décharge de plomb sur une alouette. Elle peut rencontrer une comète dix ou vingt fois plus grosse qu'elle, composée de gaz délétères qui empoisonneraient notre atmosphère respirable. Elle peut être prise dans un système de forces électriques qui exercerait l'action d'un frein sur ses douze mouvements et qui la fondrait ou la ferait flamber comme un fil de platine sous l'action d'un double courant. Elle peut perdre l'oxygène qui nous fait vivre. Elle peut éclater comme le couvercle d'un volcan. Elle peut s'effondrer en un immense tremblement de terre. Elle peut abîmer sa surface au-dessous des eaux et subir un nouveau déluge plus universel que le dernier. Elle peut être attirée par le passage d'un corps céleste qui la détacherait du Soleil et la jetterait dans les abîmes glacés de l'espace. Elle peut perdre, non seulement les derniers restes de sa chaleur interne, qui n'ont plus d'action à sa surface, mais encore l'enveloppe protectrice qui maintient sa température vitale. Elle peut un beau jour n'être plus éclairée, échauffée, fécondée par le Soleil obscurci ou refroidi. Elle peut, au contraire, être grillée par un décuplement subit de la chaleur solaire analogue à ce qui a été observé dans les étoites temporaires, sans compter beaucoup d'autres causes d'accidents ou de maladies mortelles dont nous laissons l'énumération facile aux soins de MM. les géologues, les paléontologues, les météorologistes, les physiciens, les chimistes, les biologistes, les médecins, les botanistes et même les vétérinaires, attendu qu'une épidémie bien établie, ou l'arrivée invisible d'une nouvelle armée de microbes convenablement morbifiques, pourrait suffire pour détruire l'humanité et les principales espèces animales et végétales sans amener pour cela le moindre dommage astronomique à la planète proprement dite.

Mais quelle est, de toutes les causes possibles, connues ou connaissables, d'accidents, quelle est vraiment celle qui serait le plus à craindre? Quelle est celle dont nous puissions nous préoccuper comme d'une menace tendue sur le cours régulier de la Terre, en apparence si tranquille et si imperturbable?

Le globe terrestre est si petit dans l'immensité, son cours est si rapide, sa marche est si sûre, l'organisation de sa vie astrale est si complète que, sans doute, aucune des catastrophes qui viennent d'être énoncées n'arrivera. Peut-être pourtant une première possibilité s'impose-t-elle

à notre attention, celle des rencontres cométaires.

Remarquons d'abord que l'espace est sillonné
de comètes volant dans tous les sens autour du
Soleil, comme des papillons autour d'un flambeau,
et que la Terre en tournant autour de l'astre central est exposée à en rencontrer plus d'une. En
général, il est vrai, ces effluves vagabondes et
vaporeuses n'offrent aucun danger ; le globe terrestre peut les traverser comme un boulet de
canon ferait d'un essaim de moucherons. Et c'est
ce qui est déjà arrivé. La comète de Biéla, par
exemple, est une de celles qui croisent l'orbite
terrestre, et son approche, en 1832, causa même
une certaine panique. Le calcul annonçait qu'elle
devait traverser l'orbite terrestre le 29 octobre de
cette année-là, un peu avant minuit. On signala
le calcul dans les journaux sans le bien comprendre, naturellement, et l'on parla des périls d'une
telle rencontre, capable d'amener la fin du monde.
Les indigènes de la Ville-Lumière eurent réellement peur. Mais qu'est-ce que l'orbite de la Terre ?
C'est la route qu'elle parcourt autour du Soleil.
Qu'un boulet soit lancé à travers une route, son
choc n'est à craindre que si l'on passe là juste au
moment où il passe lui-même. Or, notre planète
ne devait arriver au point de son orbite traversé

par la comète que le 30 novembre suivant, soit plus d'un mois après, et nous avons rappelé plus haut que nous courons dans le ciel avec une vitesse de plus de cent mille kilomètres à l'heure. Il n'y avait donc pas l'ombre d'une crainte à avoir. Les journalistes avaient confondu la trajectoire d'un boulet avec le boulet lui-même.

Que serait-il arrivé si la rencontre avait eu lieu? Alors, il était difficile de le prévoir ; aujourd'hui, nous commençons à le deviner, attendu que cette même comète de Biéla, dont la révolution autour du Soleil n'est — ou plutôt n'était — que de six ans et sept mois, a vraiment rencontré la Terre depuis : le 27 novembre 1872. Seulement, cette comète, si jamais elle a été dangereuse, ne l'est plus guère aujourd'hui, puisqu'elle est à peu près morte elle-même, brisée en morceaux, désagrégée en millions d'étoiles filantes. D'abord, en 1846, on l'a vue se fendre en deux, et ces deux nébulosités continuèrent de marcher dans l'espace comme deux sœurs jumelles, mais en s'éloignant lentement l'une de l'autre. Puis, elles disparurent tout à fait. On ne les a jamais revues.

Que sont-elles devenues ? Il est probable que la comète s'est désagrégée tout entière en fragments minuscules, en poussière cosmique : car le 27 novembre 1872, date à laquelle elle devait rencontrer la Terre, on a observé une véritable pluie d'étoiles filantes, dont le nombre a été évalué à cent soixante mille ! Cet essaim prodigieux arrivait d'un point du ciel correspondant à celui qu'aurait dû occuper, non pas la tête de la comète, qui, si elle eût encore existé, serait passée en ce point de l'orbite terrestre douze semaines auparavant, mais sa queue, ou, pour mieux dire, une fraction de ses parties décomposées, lesquelles, depuis la segmentation de 1846, se sont dispersées le long de son orbite. Aucun doute ne peut subsister sur l'identité de cet essaim d'étoiles filantes avec la comète de Biéla ; une nouvelle rencontre, analogue à la première, mais moins riche, a été observée le 27 novembre 1885.

Toutefois, on le voit, ce n'est pas le noyau de la comète que la Terre a rencontré, mais seulement sa désagrégation lointaine. Un événement du même ordre, quoique sensiblement différent, paraît être arrivé le 30 juin 1861. D'après les calculs, nous avons dû être plongés, le matin de ce jour-là, dans l'extrémité vaporeuse de la grande comète de 1861. Le phénomène est passé à peu près inaperçu, si ce n'est qu'une lueur assez étrange, ressemblant à celle d'une aurore boréale, quoique ce n'en fût pas une, a été signalée, de divers points d'Angleterre.

Dans ces deux cas, il s'agit non de noyaux cométaires, mais d'appendices lointains et inoffensifs. Une autre comète, la comète de Lexell, a rencontré en 1770 le système de Jupiter sur sa route. Nous ignorons ce que cette rencontre a pu produire sur la vie dont ses satellites peuvent être ornés, mais elle n'a causé aucune perturbation dans leurs mouvements, et c'est elle, au contraire, dont le cours a été entièrement dérangé par l'influence perturbatrice de Jupiter, dont la masse colossale a lancé l'astre cométaire sur une orbite tout différente de la première.

Ainsi les comètes peuvent rencontrer la Terre et les autres planètes : les harmonies du système du monde ne s'y opposent pas, pas plus qu'elles ne s'opposent aux inondations, aux tremblements de terre, aux éruptions volcaniques, aux épidémies, à la peste ou au choléra. Et l'on pourrait même s'étonner que ces rencontres ne soient pas plus fréquentes, car le nombre des comètes n'est pas insignifiant. Kepler disait qu'il y a autant de comètes au ciel que de poissons dans l'Océan. On en admire, en moyenne, une trentaine par siècle à l'œil nu, qui sont assez immenses et passent assez près de la Terre pour régner quelque temps en souveraines du ciel étoilé. On en découvre, d'autre part, en moyenne, cinq ou six par an au télescope. Depuis deux mille ans, environ cinq mille comètes sont passées dans le voisinage de l'orbite terrestre. Si nous jaugeons l'étendue du système solaire, limité même à l'orbite de Neptune, nous trouvons qu'il doit circuler dans cet espace plus de vingt millions de comètes plus ou moins échevelées.

Elles diffèrent d'aspect, de grandeur, de formes, de masses, de constitution physique et chimique. Les unes sont entièrement transparentes, même en leur noyau, et la lumière des astres n'est pas diminuée lorsqu'elles passent devant eux. D'autres présentent des noyaux qui paraissent se compliquer de concrétions massives comme des essaims d'uranolithes de volumes divers. Ces noyaux brillent en partie d'une lumière propre, en partie de la lumière solaire réfléchie ; les atmosphères et les queues se montrent gazeuses et incandescentes : l'analyse de leur lumière a surtout découvert en elles la présence des composés du carbone, hydrogène carboné, oxyde de carbone ou acide carbonique. Ces corps célestes diffèrent, d'ailleurs, sensiblement les uns des autres.

Les conséquences d'une rencontre avec la Terre différeraient également, suivant la nature de la comète, suivant sa vitesse et suivant la direction de son choc. La vitesse est, il est vrai, toujours la même à la distance de la Terre au Soleil, et égale à celle de notre planète multipliée par le nombre 1 414, c'est-à-dire à 41 660 mètres par seconde. Mais on voit facilement que si la comète venait à nous en arrière de notre mouvement, la vitesse de son choc serait à son minimum, tandis que si elle nous arrivait de face, cette vitesse serait à son maximum, soit de 72 000 mètres par seconde !

Un pareil choc serait terrible si le noyau de la comète était massif ou même simplement composé de corps solides de volumes divers plus ou moins considérables. Laplace l'a décrit en termes dramatiques, car voici ce qu'il admettait que le choc d'une comète pourrait et même avait déjà pu produire : « L'axe de la Terre et son mouvement de rotation changés ; les mers abandonnant leur ancienne position pour se précipiter vers le nouvel équateur ; une grande partie des hommes et des animaux noyés dans ce déluge universel ou détruits par la violente secousse imprimée au globe terrestre ; des espèces entières anéanties ; tous les monuments de l'industrie humaine renversés » : tels sont les désastres que l'illustre géomètre considère comme les résultats possibles du choc d'une comète dont le noyau aurait une masse respectable.

C'est un peu plus grave que le feu d'artifice d'étoiles filantes dont nous parlions tout à l'heure ; mais, hâtons-nous de dire que c'est beaucoup moins probable, attendu que, d'après tout ce que les observations ont établi jusqu'ici, les masses cométaires paraissent, en général, très peu importantes.

Il n'en est pas moins vrai qu'un noyau solide de quelques kilomètres de diamètre seulement, ou un essaim de plusieurs noyaux de ce genre, arrivant sur nous avec une vitesse cent fois supérieure à celle d'un boulet de canon, serait loin d'être inoffensif et pourrait fort bien défoncer un continent, disloquer un morceau du globe, écraser quelques millions d'hommes, et modifier plus ou moins la géographie des contrées touchées.

Toutefois, le plus grand danger que pourrait offrir la rencontre d'une comète, au point de vue du sujet qui nous occupe, serait sans contredit la transformation du mouvement en chaleur et le mélange de ses gaz avec notre atmosphère. Il n'est pas douteux que les comètes soient essentiellement gazeuses, et que ces gaz soient des composés de carbone. De plus, elles paraissent souvent incandescentes. Une telle rencontre constituerait certainement un danger qui pourrait être très grave et qui même, en des cas qu'il n'est pas impossible de prévoir, amènerait fatalement la fin du monde.

C'est l'un de ces cas que nous allons d'abord examiner.

II

Nous venons de faire entrevoir que la rencontre d'une comète avec la Terre est un accident possible, dans l'organisation connue des mouvements célestes, et que, dans cet accident, ce qui pourrait être redouté, ce ne serait pas tant le choc en lui-même, au point de vue de la masse cométaire, que les conséquences de la rencontre par suite de la transformation du mouvement en chaleur et du mélange des gaz composant la comète avec l'atmosphère que nous respirons.

Depuis le jour (1864) où les merveilleux procédés de l'analyse spectrale ont été appliqués à l'examen des comètes, on a constaté que le carbone et ses composés forment la partie essentielle des substances cométaires. Toutes les comètes un peu brillantes ont été examinées au spectroscope, et toutes ont montré dans leur spectre trois bandes lumineuses, l'une bleue, l'autre verte, et l'autre jaune-rouge, séparées par des lacunes ou projetées sur un faible spectre continu. Quelquefois la bande la plus brillante est la verte et, d'autres fois, c'est la bleue. Ces bandes correspondent à celles du spectre du carbone, dont les combinaisons, soit avec l'oxygène, soit avec l'hydrogène, produisent les différences d'éclat dont nous venons de parler. Ces combinaisons du carbone se manifestent à l'état de vapeurs dans les comètes. On y a trouvé quelquefois aussi, par exemple dans la comète de 1882, la raie jaune caractéristique du sodium.

Les comètes paraissent composées d'une multitude de particules solides flottant dans une atmosphère gazeuse. Il en résulte, dans l'analyse de leur lumière, deux spectres : l'un, continu, produit par la réflexion de la lumière solaire sur des particules solides, l'autre, formé de bandes, dû aux gaz qui, développés par la chaleur solaire, deviennent lumineux et donnent la lumière propre à leur nature. Leur matière est très raréfiée, gaz ou poussière cosmique ; elles subissent facilement l'action de la chaleur solaire, se développent considérablement à mesure qu'elles s'approchent de lui, continuent d'obéir dans leurs mouvements aux lois de la gravitation (ce qui prouve que leur masse n'est pas nulle), mais subissent certainement l'effet des forces électriques qui émanent aussi du Soleil, car les particules qui forment leur tête et leur chevelure sont repoussées avec violence pour commencer la queue. Toujours opposée au Soleil, celle-ci se développe en raison directe du rapprochement vers l'astre central, et prend souvent des proportions qui tiennent du prodige, s'étendant parfois à plus de cent millions de kilomètres de longueur !

Elles volent par milliers, par myriades, dans tous les sens, dans toutes les directions, suivant toutes les courbes elliptiques possibles, mais toujours très excentriques, se précipitant vers la gloire solaire dans laquelle elles peuvent parfois s'évanouir, contournant ordinairement l'astre radieux à une distance plus ou moins grande, et s'en retournant dans les déserts de l'espace, après s'être chauffées, électrisées, développées, transformées dans le rayonnement de son ardente splendeur. Puis elles disparaissent, refroidies, resserrées, réduites à rien, boules de vent dans l'obscurité glacée de l'immensité extérieure.

C'est dans la précipitation de leur vol autour du Soleil, soit à l'aller, soit au retour, que ces astres peuvent rencontrer notre globe.

Ajoutons que plusieurs comètes ont un volume considérable. La fameuse comète de 1811 mesurait 1 800 000 kilomètres de diamètre à sa tête, soit cent cinquante fois le diamètre de la Terre, et sa queue s'étendait sur une longueur de 176 millions de kilomètres, soit beaucoup plus que toute la distance qui sépare notre planète du Soleil ! Quant à la vitesse de ces corps, elle est de 41 660 mètres par seconde dans le voisinage de la Terre, soit de 2 500 kilomètres par minute, ou de 150 000 à l'heure, ou de 3 600 000 par jour. D'autre part, notre mobile patrie fend l'espace avec une vitesse de 29 450 mètres par seconde, 1 767 kilomètres par minute, ou 106 000 kilomètres à l'heure. Telles sont les conditions mécaniques du problème de la rencontre.

Supposons qu'une comète de mêmes dimensions que celle de 1811 nous arrive précisément de face dans notre cours circulaire autour du Soleil. La grandeur du choc serait donnée par l'addition des deux vitesses de la comète et de la Terre réunies, soit 72 000 mètres par seconde, un peu moins, car l'orbite de la comète allant contourner le Soleil au périhélie serait toujours un peu inclinée sur la nôtre. Le boulet terrestre pénétrerait dans la nébulosité cométaire sans éprouver, sans doute, de résistance bien sensible. En admettant même que cette résistance fût très faible et que la densité du noyau de la comète fût négligeable, pour traverser cette tête cométaire de 1 800 000 kilomètres de diamètre, notre globe n'emploierait pas moins de 25 000 secondes, soit 417 minutes, soit six heures cinquante-sept minutes, ou, en nombre rond, sept heures... avec cette vitesse cent vingt fois plus grande que celle d'un boulet de canon, et, en continuant de tourner sur elle-même, dans son mouvement diurne. La rencontre commencerait vers 6 heures du matin pour le méridien d'avant.

Un pareil plongeon dans l'océan cométaire, quelque éthéré que puisse être cet océan céleste, ne saurait se produire sans amener, comme première et immédiate conséquence, en vertu des principes thermodynamiques les mieux établis de la transformation du mouvement en chaleur, une élévation de température telle que, vraisemblablement, toute notre atmosphère prendrait feu comme un bol de punch. Ce serait un beau spectacle pour les habitants de Mars, ou mieux encore pour ceux de Vénus, car les premiers ne nous voient dans leur ciel qu'à l'aurore et au crépuscule (nous sommes leur « étoile du Berger »), tandis que les seconds nous voient toute la nuit. Oui, ce serait là un spectacle céleste vraiment admirable, analogue, mais en plus merveilleux pour des voisins, à celui que nous avons observé de trop loin, au mois de février 1892, dans la constellation du Cocher. Cet incendie céleste serait précédé de la plus gigantesque averse d'étoiles filantes et de bolides qu'on ait jamais vue. Si le noyau de ladite comète était solide, ou composé d'uranolithes massifs plus ou moins volumineux, d'une part, ces projectiles devraient, par leur rencontre avec la Terre, produire une chaleur absolument inconcevable (le calcul indique 5 milliards de degrés). Au taux de 30 000 mètres seulement par seconde, un uranolithe du poids de 2 000 kilogrammes, arrivant à terre avec une vitesse annulée par la résistance de l'air, aurait développé assez de chaleur pour porter à 3000° une colonne d'air de trente mètres carrés de section et de toute la hauteur de notre atmosphère.

L'oxygène de l'air aurait beau jeu pour alimenter l'incendie. Mais il y a un autre gaz, auquel les physiciens ne pensent pas souvent, par la raison fort simple qu'ils ne l'ont jamais trouvé dans leurs analyses, c'est l'hydrogène. Que sont devenues toutes les quantités d'hydrogène émanées du sol depuis les millions d'années des temps préhistoriques ? La densité de ce gaz étant seize fois plus faible que celle de l'air, tout cela est monté là-

haut et forme sans doute autour de notre atmosphère aérienne une enveloppe atmosphérique
hydrogénée très raréfiée. En vertu de la loi de
diffusion des gaz, une grande partie de l'hydrogène a dû se mélanger intimement avec l'air,
mais les couches raréfiées supérieures doivent
en contenir en grande proportion. C'est là que
s'allument les étoiles filantes et sans doute les
aurores boréales, à plus de cent kilomètres
de hauteur. Voilà de quoi donner un joli feu
céleste.

La fin du monde arriverait donc ainsi par l'incendie atmosphérique. Pendant près de sept
heures, ou plutôt pendant un temps plus long, car
la résistance cométaire ne peut pas être nulle, il
y aurait transformation perpétuelle du mouvement
en chaleur. Hydrogène et oxygène flamberaient,
combinés avec le carbone de la comète. L'air
s'élèverait à une température de plusieurs centaines de degrés; les bois, les jardins, les plantes,
les forêts, les demeures humaines, les édifices, les
villes et les villages, tout serait rapidement consumé; la mer, les glaces et les fleuves se met-
traient à bouillir; les hommes et les animaux,
envahis par cette brûlante haleine de la comète,
mourraient asphyxiés avant d'être brûlés, les
poumons haletants ne respirant plus que du feu.

Presque aussitôt, tous les cadavres seraient car-
bonisés, incinérés, et dans l'immense incendie
céleste seul l'ange incombustible de l'Apocalypse
pourrait faire entendre, dans le son déchirant de
la trompette, l'antique chant mortuaire tombant
lentement du ciel comme un glas funèbre :

SOLVET SÆCLUM IN FAVILLA !
IL RÉDUIT L'UNIVERS EN CENDRE !

Tout le côté de la Terre frappé par l'immense
masse cométaire aurait subi ce sort avant que les
habitants de l'autre hémisphère se fussent rendu
compte du cataclysme. L'air est un mauvais con-
ducteur de la chaleur, et celle-ci ne se transmet-
trait pas immédiatement au point opposé.

Si notre côté était justement tourné vers la
comète aux premières minutes de la rencontre,
arrivant, je suppose, en été, ce serait le tropique
du Cancer, les habitants du Maroc, de l'Algérie,
de Tunis, de la Grèce, de l'Égypte, qui se trouve-
raient aux premiers rangs de la bataille céleste,
tandis que les citoyens de l'Australie, de la Nou-
velle-Calédonie et des îles de l'Océanie seraient
les plus favorisés. Mais il y aurait un tel appel
d'air par la fournaise européenne qu'un vent de
tempête, plus violent qu'il ne s'en est formé dans

les ouragans les plus effroyables qui aient jamais sévi et plus formidable encore que le courant de 400 kilomètres à l'heure qui règne constamment à l'équateur de Jupiter, se mettrait à souffler des antipodes vers l'Europe et à tout renverser sur son passage. La Terre, en tournant sur elle-même, amènerait successivement dans l'axe du choc les pays situés à l'ouest du méridien frappé le premier. Une heure après l'Autriche et l'Allemagne, ce serait la France ; puis l'océan Atlantique, puis l'Amérique du Nord, qui n'arriverait dans le même axe, un peu oblique par suite de la marche de la comète vers son périhélie, que cinq ou six heures après la France, c'est-à-dire vers la fin du passage.

Malgré la vitesse inouïe de la comète et de la Terre, la pression cométaire ne serait sans doute pas énorme, étant donnée l'extrême raréfaction de la substance traversée par la Terre ; mais cette substance renfermant surtout du carbone est combustible, et dans l'exaltation de leurs ardeurs périhéliques on voit souvent ces astres ajouter une lumière propre à celle qu'ils reçoivent du Soleil : ils deviennent incandescents. Que serait-ce dans le choc terrestre ! L'inflammation des étoiles filantes et des bolides, la fusion superficielle des uranolithes qui arrivent brûlants à la surface du sol, tout nous conduit à penser que la chaleur la plus intense serait le premier et le plus considérable effet de la rencontre, ce qui n'empêcherait évidemment pas les éléments massifs formant le noyau de la comète d'écraser les points frappés par leur passage, et peut-être même de disloquer tout un continent.

Le globe terrestre se trouvant entièrement enveloppé par la masse cométaire pendant sept heures environ, la Terre tournant dans ce gaz incandescent, l'appel d'air soufflant avec violence vers l'incendie, la mer se mettant à bouillir et emplissant l'atmosphère de vapeurs nouvelles, une pluie chaude tombant des cataractes célestes, l'orage partout suspendu, les déflagrations électriques de la foudre lançant les éclairs de toutes parts, les roulements de tonnerre s'ajoutant aux hurlements de la tempête, et l'antique lumière des beaux jours terrestres ayant fait place à la lueur lugubre et blafarde de l'atmosphère rouge, tout le globe ne tarderait pas à être envahi par le retentissement du glas funèbre et le cataclysme deviendrait universel, quoique la mort des habitants des antipodes fût sans doute différente de celle des premiers. Au lieu d'être immédiatement consumés par le feu céleste, ils mourraient étouffés par la vapeur, ou par la prédominance de l'azote, —

l'oxygène ayant rapidement diminué, — ou empoisonnés par l'oxyde de carbone ; l'incendie ne ferait ensuite qu'incinérer des cadavres, tandis que les Européens et les Africains auraient été brûlés vifs. La tendance bien connue de l'oxyde de carbone à absorber l'oxygène aurait sans doute été un arrêt de mort immédiate pour les humains les plus éloignés du point de départ du cataclysme.

Voilà quels pourraient être les effets de la rencontre d'une immense comète avec la Terre. Ce serait une fin du monde *par accident*. On pourrait certainement imaginer des comètes autrement constituées, par exemple absorbant l'azote de l'atmosphère au lieu de l'oxygène, et cette extraction graduelle et totale de l'azote amenant en quelques heures, chez tous les habitants de la Terre, hommes, femmes, enfants, vieillards, la sérénité, — la gaieté, — la joie, — l'expansion fébrile, — l'exaltation, — le délire, — la folie, — la danse universelle... et la mort subite de tous les êtres, dans l'apothéose d'une sarabande insensée et d'une surexcitation formidable du cerveau et de tous les sens ! Mais nous ne connaissons pas encore de comètes ni de visiteurs célestes de cet ordre chimique, et nous tenons à rester exclusivement dans le cadre scientifique.

D'autres causes d'accidents ne peuvent-elles pas frapper notre planète?

III

Les comètes ne sont pas les seuls pièges qui nous soient tendus, et les causes d'accidents sidéraux pourraient être un peu plus terribles que les rencontres cométaires probables, puisqu'en général ces rencontres seraient, sans doute, assez inoffensives, — le cas spécial que nous venons d'examiner étant le plus rare de tous.

Le Soleil tombe dans l'immensité béante, entraînant avec lui la Terre et toutes les autres planètes. Depuis qu'il existe, notre monde errant n'est pas passé deux fois par le même chemin. Au lieu de décrire autour du Soleil une courbe fermée, il décrit une série de spirales écartées les unes des autres de tout le chemin parcouru chaque année par la translation de notre lumineux foyer vers la constellation d'Hercule.

Dans ce cours rapide à travers l'espace, nous

pouvons rencontrer, soit un soleil allumé, soit un soleil éteint invisible, soit un amas cosmique, soit une nébuleuse, soit... d'inconnus mystères.

Cela peut arriver, et cela vient justement d'arriver, pas pour nous, mais pour d'autres.

Ceux d'entre nos lecteurs qui suivent le mouvement scientifique [1] connaissent l'histoire de l'étoile temporaire du Cocher, en 1892. On a vu que cet astre s'est subitement élevé de la 14ᵉ grandeur au-dessus de la 5ᵉ (4ᵉ 1/2) et est ensuite, non moins rapidement, retombé au quatorzième ordre d'éclat, pour subir encore, depuis, quelques autres fluctuations secondaires. La durée du maximum d'éclat, visibilité à l'œil nu, n'a été que de trois mois, du 7 décembre 1891 au 6 mars 1892. On a constaté depuis que l'astre est tombé à la seizième grandeur. Il en résulte que ce lointain soleil a été *cinquante mille fois plus lumineux* pendant son maximum qu'il ne l'était auparavant et qu'il ne l'est devenu ensuite. Ce n'est pas là une mince

1. On nous demande souvent s'il y a un moyen facile d'être tenu au courant des découvertes de l'astronomie contemporaine et des sciences qui s'y rattachent, météorologie, physique, etc. Ce moyen existe, et c'est précisément dans ce but qu'a été fondée la *Société Astronomique de France*, à Paris. Elle publie un *Bulletin mensuel*, illustré, qui tient au courant de tous ces progrès. Tout le monde peut en faire partie ; la cotisation est minime. Aussi compte-t-elle déjà plus de 1800 membres.

révolution ! Il a subi depuis de nouvelles recrudescences.

D'après l'analyse qui a été faite de sa lumière par MM. Huggins, Pickering, Vogel et Deslandres, ce sont les raies brillantes de l'hydrogène qui dominaient dans son spectre, et il en a été absolument de même lors des étoiles temporaires du Cygne en 1876 et de la Couronne en 1866. Ces astres ont été subitement enveloppés des flammes de l'hydrogène en combustion. Nous avons assisté d'ici à d'immenses incendies célestes.

Plusieurs hypothèses se présentent pour expliquer le phénomène. On peut admettre avec M. Seeliger que l'étoile temporaire est un météore qui s'enflamme en pénétrant dans un nuage cosmique, comme les bolides en traversant l'atmosphère céleste. Une sorte de bolide gigantesque, une planète comme la Terre, par exemple, pénètre dans un nuage cosmique dont les particules, violemment attirées, se précipitent à sa rencontre avec des vitesses croissantes. Les variations de ces vitesses peuvent être la cause de l'élargissement des raies spectrales qui a frappé les observateurs. Les phénomènes de conflagration dureront plus ou moins longtemps, suivant l'étendue de la nuée traversée, et pourront se renouveler si le corps céleste rencontre une autre nuée sur son chemin, circonstance qui

a dû précisément se présenter pour l'étoile du Cocher. Celle-ci a paru, du reste, enveloppée d'une
nébulosité. Les deux spectres superposés établissent que la nuée cosmique et le bolide, ou, dans
tous les cas, les deux corps dont le choc a causé
l'apparition, sont arrivés l'un sur l'autre avec une
vitesse de 900 000 mètres par seconde !

On peut ainsi admettre avec M. Huggins que le
phénomène a eu pour cause le rapprochement
(sans rencontre) de deux soleils faibles, ou, dans
tous les cas, télecopiques pour nous, tournant l'un
autour de l'autre dans le plan de notre rayon
visuel, et qui seraient arrivés à une assez grande
proximité l'un de l'autre pour exercer l'un sur
l'autre une attraction prodigieuse, analogue à celle
qui produit les marées, mais incomparablement
plus puissante. Il en serait résulté des éruptions
gigantesques, dans le genre des éruptions solaires,
mais beaucoup plus considérables, accompagnées
sans doute de violentes perturbations électriques,
et lançant tout autour de chacun de ces soleils des
flammes nouvelles, les enveloppant d'un immense
incendie. Le corps qui s'éloignait de nous émettait
des raies brillantes, tandis que celui qui venait de
notre côté présentait un spectre continu à larges
bandes d'absorption analogue à celui des étoiles blanches. Les deux corps pouvaient être à des phases

d'évolution différentes, comme par exemple le beau système double, topaze et saphir, d'Albireo. La durée de l'exaltation d'éclat a été trop courte pour admettre que deux corps solides se soient réellement rencontrés et que leur énergie de mouvement ait été transformée en chaleur.

Ce sont là des exemples de ce qui arrive, non rarement, dans le ciel, et de ce qui peut arriver à notre planète errante. On a observé, depuis le temps d'Hipparque, c'est-à-dire depuis deux mille ans, vingt-cinq de ces apparitions, dont la première, celle de l'an 134 avant notre ère, détermina précisément Hipparque à composer le premier catalogue d'étoiles. Plusieurs, et celle-là est du nombre, ont été de première grandeur. La plus célèbre de toutes est la fameuse étoile de 1572, qui surpassait en éclat Jupiter et même Vénus, et qui dura dix-huit mois. La plupart de ces apparitions, y compris la dernière, se sont manifestées dans la Voie lactée.

Il n'est donc pas impossible que, dans son voyage intersidéral, notre Soleil passe dans le voisinage de l'un de ses pairs, ou à travers une nébulosité cosmique, ou même choque un autre Soleil. Dans chacun des cas, ce serait, selon toute probabilité, la mort de la Terre, et encore par le feu. Imaginons ce que deviendraient les habitants de notre globe, humains, animaux et végétaux, si le Soleil était élevé tout d'un coup de sa température normale à une chaleur cinquante mille fois plus intense. Si déjà, pour quelques malheureux degrés de plus qui viennent parfois pendant la canicule faire monter le thermomètre à 45 ou 50°, les insolations ne tardent pas à jeter leurs victimes sur le sol brûlant, que serait-ce pour une élévation à 100, 500, 1 000° et davantage ! Nul organisme n'y résisterait, et les poissons mêmes seraient assez vite cuits. Il en serait de même des habitants de toutes les planètes de notre système. Et lorsque trois mois plus tard le Soleil serait redescendu à son état normal, il n'éclairerait plus que des cimetières sans sépultures. La Terre aurait pu n'être pas touchée elle-même : elle n'en serait pas moins victime.

Les vingt-cinq exemples dont nous avons été témoins depuis deux mille ans sont un témoignage qu'il n'y a rien là d'extraordinaire. Sans doute, c'est longtemps après l'époque réelle de ces événements que nous les observons, car il faut tenir compte des distances stellaires et du temps que la lumière emploie pour nous arriver des profondeurs célestes, malgré sa vitesse de 300 000 kilomètres par seconde. Peut-être la conflagration observée récemment dans la constellation du

Cocher date-t-elle du temps de Néron et de l'incendie de Rome, et peut-être l'étoile des mages qui brilla quelques jours sur le berceau de Jésus marquait-elle une fin de monde arrivée dans le ciel au temps du déluge. De même, si notre Soleil, étoile de seizième grandeur, aussi, vu d'une distance suffisante, subissait quelque jour une pareille apothéose, les astronomes inconnus qui habitent en ces régions célestes et consacrent leur vie à l'observation du ciel, seraient en retard de deux ou trois mille ans dans la constatation du phénomène. Ce qui nous semble présent est passé depuis longtemps, et lorsque nous assistons à la mort d'un monde, c'est parfois sa résurrection qui nous est contemporaine. Quand, de loin, les astronomes des autres mondes signaleront la mort de la Terre, qui sait si déjà elle ne sera pas ressuscitée ? Nous vivons dans l'éternel, et personne ne s'en doute, en cette « fin de chèques » si remarquablement écrasée dans le cercle de fer des intérêts matériels. C'est une fin de siècle fort étrange, assurément, que celle dont nous sommes témoins, et il semble qu'elle veuille précipiter la société européenne dans une décadence sans lendemain. Le plus curieux peut-être encore est de voir un grand nombre d'esprits distingués sourire avec sérénité de cet état de choses, et assurer en termes exquis, avec M. Renan (le Soleil ait son âme radieuse !), que tout est pour le mieux dans le meilleur des mondes. Au fait, après tout, pourquoi l'Europe serait-elle éternelle, puisque tout passe ? Ce n'est pas à la fin d'un siècle que nous assistons, c'est à la fin d'un monde ! La France et ses sœurs n'ont-elles pas assez vécu ? N'ont-elles même pas très bien vécu depuis douze siècles, et n'ont-elles pas tous les droits à descendre du théâtre ? Leur mission ne serait-elle pas accomplie ?

Mais ce n'est pas de ces fins nationales que nous avons à nous entretenir. C'est trop peu pour des astronomes. Les nations, l'Égypte, la Grèce, les Romains, la France, l'Angleterre, l'Allemagne, vivent une dizaine de siècles, un peu plus, un peu moins. Qu'est-ce que dix, quinze, vingt siècles, dans les fastes astronomiques ? Le songe d'un instant.

Si la Terre ne meurt pas d'accident, elle a des millions d'années devant elle.

Comme rencontres, celles que nous venons de passer en revue sont les moins improbables. On peut y ajouter, il est vrai, la rencontre directe d'un boulet cosmique qui la fracasse et la réduise en fumée, ou encore celle d'un soleil éteint ou lumineux heurtant en plein l'astre qui nous éclaire. Ces deux chocs directs sont possibles, mais beaucoup plus improbables que les rencontres précédentes, parce que l'espace est grand et que les astres sont comparativement minuscules. Et puis, comme il n'y a pas de mouvements en ligne droite et que les vitesses sont considérables, les chocs ne peuvent se produire qu'en des conditions dynamiques véritablement exceptionnelles.

Imaginons un instant que la Terre existe seule et soit lancée en ligne droite dans l'espace avec sa vitesse actuelle, de 106 000 kilomètres à l'heure...

« Mais, me réplique un petit dialecticien caché dans une cellule de mon cerveau, c'est géométriquement absurde.

— Et pourquoi?

— Parce que, ainsi lancée, avec cette vitesse, et en ligne droite, eh bien! il n'y a plus qu'à rire...

— ?...

— Évidemment. Non seulement il n'y a pas moyen de la supposer courant en ligne droite, mais encore elle ne courra pas du tout et restera en repos, quelle soit sa vitesse imaginée.

« En effet, ajoute mon interlocuteur mental, puisque tu la supposes seule dans l'espace, tu n'as aucun point de comparaison pour tracer une ligne droite ou pour mesurer une vitesse. Ainsi lancé, ton boulet ne peut pas être déclaré aller en ligne droite, puisque sans point de repère, ligne courbe, sinueuse, anguleuse ou droite, verticale, horizontale, direction quelconque, rétrogradation même, c'est tout un ; et il ne peut pas courir du tout, puisqu'il n'avance vers rien, ne s'éloigne de rien. Il est donc immobile. »

L'astronome n'écoute pas le petit dialecticien sorti du collège et continue.

IV

Nous disons donc que si le globe terrestre, lancé comme il l'est avec sa vitesse actuelle de 106 000 kilomètres à l'heure, existait seul dans l'espace, on n'aurait aucun point de repère pour évaluer ce mouvement et que, par conséquent, ce Globe serait comme immobile, ne s'éloignant de rien, n'avançant vers rien. Une école de métaphysiciens affirme qu'il serait absolument en repos, de même qu'elle affirme que si l'on supprimait les corps il n'y aurait plus d'espace. Nous ne le pensons pas. Pour nous, la Terre serait réellement en mouvement, quoiqu'elle ne s'éloignât ou ne s'approchât de rien : elle porterait en elle l'énergie de son mouvement. La réalité du mouvement demeure, même en supprimant tout le reste de l'Univers, et, avec cette réalité, la possibilité, au moins théorique, d'un arrêt et d'une tranformation de cette énergie en une autre.

Assurément, si ce boulet terrestre ainsi lancé existait seul au monde, il n'aurait aucun risque d'en rencontrer un autre sur son passage. Mais il n'est pas seul. L'espace est peuplé de boulets analogues courant dans tous les sens, emportés dans toutes les directions, animés par des vitesses variant depuis quelques kilomètres par seconde jusqu'à vingt, trente, quarante, cinquante et au delà. Plus d'une étoile se précipite dans l'immense abîme avec une vitesse supérieure même à cent kilomètres par seconde.

Voyez-vous d'ici un boulet de la dimension de la Terre, ou même beaucoup plus gros (le Soleil est plus d'un million de fois supérieur à la Terre en volume, et il doit circuler bien des soleils éteints dans l'espace : du reste, qu'ils soient visibles ou invisibles, ce serait la même chose pour nous, car nous ne pourrions pas nous détourner de la route fatale), voyez-vous, dis-je, un boulet de cet ordre arrivant sur nous avec une vitesse de cinquante, soixante ou cent kilomètres à la seconde! D'un choc en plein, il ne resterait rien de nous, ni de la Terre tout entière, qui instantanément serait transformée en nébuleuse gazeuse.

Imaginons, par exemple, qu'il y ait dans l'espace deux globes solides comme la Terre, de même densité qu'elle, mais beaucoup plus gros, chacun d'un diamètre égal à la moitié de celui du Soleil, ces globes étant en repos, même, et éloignés l'un de l'autre de deux fois la distance de la Terre au Soleil.

En vertu de l'attraction, ils tomberont l'un vers l'autre en ligne droite, et se rencontreront juste après une demi-année de chute.

La collision durerait une demi-heure, dans le cours de laquelle ces deux corps seraient transformés en une masse fluide incandescente, violemment agitée, agrandie à des dimensions plusieurs fois supérieures à la somme des volumes primitifs des deux globes, et oscillant de part et d'autre du point de choc. Au bout de quelques années, cette masse fluide finirait par former un soleil sphérique ayant environ la même masse, la même chaleur et le même éclat que notre Soleil actuel.

Ce serait une fin brillante encore par le feu... *per ignem*, suivant l'antique tradition psalmodiée aux messes de morts. Mais, comme on l'a vu tout à l'heure, elle est peu probable, parce que tout en subissant leur attraction mutuelle, les corps ne partent pas du repos pour s'abandonner à cette attraction. Ils sont tous lancés dans l'espace, animés de mouvements propres. Quelle est l'origine du mouvement du système solaire vers la constellation d'Hercule? Le mathématicien le plus fort répondra qu'il n'en sait pas plus sur ce point qu'un botaniste, un vétérinaire ou un politicien. Mais ces vitesses qui nous menacent nous protègent en même temps, car elles font éviter justement les chocs qui pourraient être dus à l'attraction. Prenons un exemple.

Nous avons examiné, il y a quelques années, comment l'attraction de Jupiter a capturé les comètes périodiques dont l'aphélie est voisin de la zone balayée par cette planète géante, et comment l'essaim d'étoiles filantes du 10 août et l'orbite de la comète III 1862 nous révèlent l'existence d'une planète transneptunienne située vers 48 fois la distance de la Terre au Soleil, et circulant en 330 ans autour du Soleil.

Toute comète qui arrive dans notre système, suivant une orbite parabolique, sera, en approchant d'une planète, retardée ou accélérée. Si elle est accélérée, son orbite devient hyperbolique et la comète continuera son cours, sans jamais revenir, comme si elle n'avait pas été dérangée, mais sur une autre voie. Si, au contraire, elle est retardée, l'orbite devient elliptique et se ferme vers le point de perturbation, et la comète reviendra, après avoir accompli une révolution autour du Soleil, vers le lieu où son orbite a été transformée de parabole en ellipse. Mais pour que cet événement arrive, il faut que la comète passe *tout près* de Jupiter, et encore cette perturbation ne pourrait-elle jamais, d'un seul coup, transformer une orbite parabolique en une ellipse aussi petite que celle de la comète de Biéla, par exemple ; elle doit, pour arriver à ce résultat, s'exercer, à plusieurs retours de la comète vers son aphélie, — en des époques auxquelles la planète passe aussi en cette région, — continuer à ralentir sa vitesse et par là même à rapetisser son orbite. Avec un temps suffisant, les orbites des comètes périodiques capturées par le géant sont devenues ce qu'elles sont aujourd'hui [1].

---

1. Une comète qui passerait à proximité de la Terre pourrait être capturée par elle comme celles qui l'ont été par Jupiter, mais beaucoup plus difficilement, parce que d'une part la Terre n'a pas la force de Jupiter et que, d'autre part, à la distance de l'orbite terrestre l'attraction solaire est 27 fois plus intense qu'à la distance de l'orbite jovienne : il faudrait que la comète

Il est bon de remarquer que Jupiter peut défaire ce qu'il a fait. Si, après un certain nombre de révolutions, la comète revient à passer près de la sphère d'activité de Jupiter avec une vitesse plus petite que celle de la planète, cette vitesse sera augmentée par l'attraction de Jupiter, et l'orbite reprendra sa forme parabolique.

C'est ce qui est déjà arrivé. La comète de Lexell est passée en 1769 très près de Jupiter : elle en était 580 fois plus proche que du Soleil, et l'attraction de la planète surpassant celle du Soleil, la comète fut capturée et suivit une orbite elliptique de 5 ans 2/3. Elle était nouvelle dans le système, car on ne l'avait jamais vue. Et on ne l'a plus revue depuis non plus. Pourquoi ? Parce qu'à son retour aphélique dans la région jovienne en 1779, elle s'est encore approchée plus près de Jupiter qu'en 1769, si bien qu'elle a dû passer entre Jupiter et ses satellites : son orbite a dû être ouverte de nouveau et la comète relancée dans l'infini.

Des comètes se sont précipitées sur le Soleil

frôlât presque notre globe. Il peut exister des comètes dont les orbites aient leur aphélie vers la Terre ; mais on n'en connaît pas encore. On ne pourrait voir que difficilement, et vers leurs quadratures, celles dont l'aphélie serait intérieur à l'orbite terrestre. Mais on pourrait les apercevoir pendant les éclipses totales du Soleil.

sans y tomber davantage. Ainsi, on a *vu* la comète de 1882 arriver sur l'astre du jour, le 17 septembre, avec une vitesse de 480 000 mètres par seconde, traverser ses flammes dans les hauteurs de sa brûlante atmosphère, contourner le globe solaire en quelques heures, et sortir saine et sauve pour continuer son vol. Même événement céleste le 27 février 1843, le 27 janvier 1880 et le 11 janvier 1887. La vitesse propre des astres les empêche de tomber les uns sur les autres.

Sans doute, si un boulet céleste arrivait juste en face de nous, nous ne l'éviterions pas. Mais il faut une telle combinaison de mouvements pour amener une pareille rencontre, que le calcul des probabilités ne nous engage pas à y compter du tout.

L'accident reste possible. Au moment où j'écris ces lignes, les journaux, qui sont *quelquefois* bien informés, nous apprennent qu'hier même, à Paris, où « tout arrive », un passant nommé Paul Marcel, qui suivait tranquillement la rue Saint-Denis a été tué, en face le n° 200, par la chute d'un pot de fleurs tombé d'une fenêtre précisément sur sa tête. C'est assurément là une très stupide combinaison de mouvements. Elle peut arriver aussi pour la Terre. Des pots de fleurs peuvent nous tomber du ciel.

Il résulte donc de tout cet examen que les accidents qui nous menacent du dehors ne sont vraiment pas à craindre. Comètes de tout ordre, de directions diverses, de constitutions chimiques variées, de densités plus ou moins faibles, de noyaux plus ou moins complexes, — autres astres errants inconnus — soleils éteints et radieux — nébuleuses — amas stellaires, — nuages cosmiques, — cimetières de mondes défunts, — boulets de tout calibre, toutes ces causes d'accidents réunies n'empêcheront pas la Terre de vieillir, selon toute probabilité. Serait-il préférable de mourir jeune ? C'est encore là une autre question, et les anciens avaient coutume de dire que « les dieux appellent de bonne heure à eux ceux qu'ils aiment » ; mais en général, on ne choisit pas, et comme vieillir est encore le seul moyen que l'on ait trouvé de ne pas mourir, on se résigne. Oui, certainement, cette jeune Terre baignée dans la lumière solaire, bercée dans les douceurs de l'attraction, voguant si élégamment dans l'éther infini, ardente en son printemps, avec ses fleurs, ses eaux, ses ciels d'azur, ses nuées d'or et ses harmonies, et déjà peuplée d'une vie immense au sommet de laquelle règnent — parfois — l'intelligence et la beauté, oui, certainement, il serait peut-être préférable de la voir sombrer avant la décrépitude inévitable des êtres et des choses. Mais le Destin n'est pas toujours un grand artiste.

Mourra-t-elle d'accident, de maladie, ou de vieillesse?

Accidents? non, sans doute, comme nous venons de le voir. Maladies? Lesquelles?

Quelque changement dans la composition chimique de l'air respirable pourrait sans doute amener la fin de l'humanité, malgré toute la souplesse des organes à se plier, de générations en générations, aux transformations de milieux. L'oxygène diminuant en quantité sensible, ou l'acide carbonique s'accroissant en proportion fâcheuse, les poumons cesseraient de fonctionner normalement, et à la décadence des organes viendraient s'ajouter des armées de nouveaux microbes appropriés, comme les innombrables légions de phylloxeras qui naguère sont venues s'abattre sur les vignes épuisées. Maladies chroniques universelles dans la respiration et la circulation arriveraient en un temps plus ou moins long à coucher tous les humains dans le dernier sommeil.

Les fonctions vitales des poumons et du cœur, la transformation du sang veineux en sang artériel, sont intimement liés à l'état de l'atmosphère; composition chimique, pression, température, et varieraient avec cette atmosphère. Celle-ci peut, d'autre part, devenir le siège de germes délétères répandant sur l'ensemble du globe des épidémies inconnues ; des volcans peuvent s'ouvrir, vomissant dans l'air des miasmes funestes ; des eaux peuvent s'empoisonner. Sans doute, existe-t-il encore là certaines causes de déchéance pour l'humanité terrestre ; mais ces causes ne sont pas plus probables que les accidents que nous venons de passer en revue, et notre planète reste devant nous, continuant à rouler autour du Soleil, et destinée à mourir de sa belle mort.

C'est donc par l'examen de cette mort naturelle que nous sommes conduits à terminer cette étude.

Quelle paraît devoir être cette *mort naturelle* de la Terre ?

Le Soleil va nous répondre.

C'est lui qui entretient l'état liquide des eaux et l'état gazeux de l'air. Sans lui, l'eau serait un minéral solide et l'air lui-même, au zéro absolu, serait solidifié.

Sans le Soleil, il n'y aurait à la surface de notre planète ni lumière, ni chaleur, ni jours, ni matins, ni soirs, ni printemps, ni étés, ni automnes. Il n'y aurait qu'une nuit funèbre, un éternel hiver, noir et glacé. La température serait voisine de 273° au-dessous de zéro. Végétation, vie animale, bois,

prairies, fleurs, plantes, oiseaux, insectes, animaux de tout ordre, de la terre, des eaux ou des
airs, tout serait évanoui. Et l'air lui-même serait
mort : plus aucune agitation dans l'atmosphère
glacée, si même elle pouvait rester à l'état gazeux :
car c'est la chaleur solaire qui est l'origine du
vent comme des nuages, des pluies et même des
neiges; c'est le Soleil qui souffle dans la brise ou
dans la tempête, c'est lui qui murmure dans le
ruisseau, c'est lui qui coule dans la rivière, c'est
lui qui mugit dans la mer agitée, c'est lui qui
chante dans l'oiseau, c'est lui qui fleurit dans la
rose, c'est lui qui vit dans tous les enfants de la
Terre, engendrés par sa puissance ; que l'astre
s'éteigne et tout est mort !

Le foyer solaire nous chauffera-t-il et nous éclai-
rera-t-il pendant longtemps encore? Quelle est la
température du Soleil? D'où vient cette chaleur,
et combien de temps durera-t-elle ?

L'ensemble des connaissances astronomiques
conduit à penser que le Soleil et son système sont
le produit de la condensation d'une immense
nébuleuse dont les limites dépassaient l'orbite de
la dernière planète du système. Cette origine
explique non seulement l'état géométrique actuel
du système solaire, et ses mouvements, mais
encore la chaleur même du Soleil et des planètes.

Les calculs de Helmoltz ont établi que la condensation graduelle de cette masse a dû produire, par la transformation de son mouvement en chaleur, une température de 28 millions de degrés. L'activité thermique que possède actuellement cet astre n'est plus qu'un faible résidu de l'énorme quantité de chaleur résultant de la gravitation. William Thomson considère cette chaleur solaire due à la condensation comme représentant 18 millions de fois la dépense annuelle, de sorte que si le Soleil avait toujours rayonné exactement comme aujourd'hui, il serait allumé depuis 18 millions d'années. Elle doit représenter une plus longue durée, car rien ne prouve que la nébuleuse dont le Soleil serait la condensation n'ait pas été elle-même à un certain degré de température.

A cette condensation graduelle de la masse solaire, qui doit encore se continuer de nos jours, s'ajoute la chute inévitable de météores cosmiques, bolides et étoiles filantes, qui tombent en quantité incomparablement plus grande sur le Soleil que sur notre petit globe, et qui donnent ainsi naissance à une quantité non négligeable de chaleur. Si toutes les planètes tombaient dans le Soleil, la transformation de leur chute en chaleur alimenterait la radiation solaire pendant 45 589 ans (la Terre seule donnerait 95 ans, mais Jupiter

32 000) ; les chutes de matériaux toutefois ne peuvent pas être considérables, parce que la masse du Soleil n'augmente pas sensiblement. Si elle augmentait, la Terre tournerait plus vite autour de lui et les années se raccourciraient.

Peut-être s'y ajoute-t-il encore certaines opérations chimiques, telles que les combustions que nous observons dans nos laboratoires. Mais cette source de chaleur est presque insignifiante : car si le globe entier du Soleil brûlait comme un bloc de houille, il serait consumé en cinq mille ans.

La condensation actuelle du globe solaire est sans doute encore la cause principale de l'entretien de sa chaleur. Sa densité est encore très faible, moins du quart de celle de la Terre. Or, pour suppléer aux pertes annuelles de la radiation, il suffirait que cet astre se condensât de 39 mètres par an. A ce taux, il faudrait 18 000 ans pour que le diamètre solaire diminuât d'une seconde d'arc, et cette diminution lente serait absolument insensible à nos instruments.

Le problème est assez compliqué, parce que nous ignorons l'état des substances gazeuses, liquides, poussiéreuses ou solides qui constituent le Soleil, ainsi que leur « chaleur spécifique », c'est-à-dire la quantité de chaleur qu'une unité de sa substance peut acquérir ou perdre en s'élevant ou en s'abaissant de un degré. Dans le calcul précédent on a adopté pour la chaleur spécifique du Soleil celle de l'eau, qui est la plus grande de toutes. Dans l'hypothèse d'une condensation purement gazeuse, à mesure que le Soleil se condense, sa force de gravité s'accroît à sa surface et la quantité de condensation nécessaire pour engendrer une quantité donnée de chaleur, devient de moins en moins grande. Quand le diamètre de l'astre aura diminué de moitié, sa densité sera huit fois plus forte que de nos jours. Le globe solaire a dû avoir, il y a peut-être dix millions d'années, un diamètre double de celui qu'il possède actuellement, et une densité égale au huitième de sa densité actuelle.

Si le Soleil, en continuant de se condenser, arrivait un jour à la densité de la Terre, cette condensation produirait une nouvelle quantité de chaleur suffisante pour maintenir encore pendant 17 millions d'années la même intensité calorique qui entretient actuellement la vie terrestre, et ce terme peut être prolongé en admettant une diminution dans le taux de la radiation, une chute de météores tombant sur l'astre dévorant, et une condensation continuée au delà de la densité terrestre. Mais aussi loin que nous reculions ce terme, il arrivera fatalement. Les soleils qui s'éteignent dans les cieux sont autant d'exemples anticipés du sort réservé à celui qui nous éclaire.

V

Ainsi, selon toute probabilité, malgré tous les pièges qui la guettent, notre planète ne mourra pas d'accident, mais de mort naturelle.

Cette mort serait, comme nous venons de le voir, la conséquence de l'extinction du Soleil, dans une vingtaine de millions d'années ou davantage, trente peut-être, puisque la condensation à un taux relativement modéré lui donnerait, d'une part, encore 17 millions d'années, et que, d'autre part, la chute inévitable des météores peut accroître autant cette durée. Mais, lors même que nous prolongerions la durée du Soleil à 40 millions d'années, il n'est pas contestable que la radiation de cet astre le refroidit et que la température de tous les corps tend à l'équilibre. Le jour viendra où le Soleil sera éteint.

Alors, la Terre et toutes les autres planètes de notre système cesseront d'être la demeure de la vie; elles seront rayées du Grand-Livre et rouleront, cimetières noirs, autour d'un Soleil éteint. Mais dureront-elles jusque là ?

Oui, probablement, pour Jupiter et peut-être Saturne. Non sans doute pour les petits corps, tels que la Terre, Vénus, Mars, Mercure, et la Lune.

Déjà même la Lune paraît bien nous avoir précédés vers le désert final. Mars est beaucoup plus avancé que la Terre vers la même destinée. Vénus, plus jeune que nous, nous survivra sans doute. Oui, ces petits mondes perdent leurs éléments de vitalité plus vite que le Soleil ne perd sa chaleur.

De siècle en siècle, d'année en année, de jour en jour, d'heure en heure, la surface de la Terre se transforme. D'une part, les continents se nivellent et descendent à la mer qui tend insensiblement à envahir le globe tout entier et à le submerger; d'autre part, l'eau diminue à la surface du globe.

Examinons d'abord le premier fait et, suivons en cela l'exposé si compétent qui en a été donné récemment par M. de Lapparent, le savant auteur du classique *Traité de Géologie*.

S'il est dramatique de se figurer notre globe emporté dans une catastrophe universelle, il l'est moins, assurément, de voir la seule action des forces actuellement en œuvre menacer également notre planète d'une destruction certaine. Nos continents ne semblent-ils pas d'une stabilité indéfinie ? Comment, à moins d'une initiation particulière, songerait-on à mettre en doute la permanence indéfinie de cette Terre, qui a porté tant de générations avant la nôtre, et sur laquelle les monuments de la plus haute antiquité laissent bien voir que, s'ils nous sont parvenus à l'état de ruines, ce n'est pas que le sol ait refusé de les soutenir, mais parce qu'ils ont subi les injures du temps, et surtout celles de l'homme ? Aussi loin que les traditions historiques puissent remonter, elles nous représentent les fleuves coulant dans le même lit qu'aujourd'hui, les montagnes se dressant à la même hauteur ; et pour quelques éboulements qui surviennent çà et là, l'importance en est si faible, relativement à l'énorme masse des continents, qu'il semble bien superflu d'y chercher le pronostic d'une destruction finale.

Ainsi peut raisonner celui qui n'arrête, sur le monde extérieur, qu'un regard superficiel et indifférent. Mais toute autre sera la conclusion d'un observateur habitué à scruter, d'un œil attentif, les modifications, même d'apparence insignifiante, qui s'accomplissent autour de lui. A chaque pas, pour peu qu'il sache voir, il prendra sur le fait les traces d'une lutte incessante, entamée par les puissances extérieures de la nature contre tout ce qui dépasse cet inflexible niveau de l'Océan, au-dessous duquel règnent le silence et le repos. Ici, c'est la mer qui bat furieusement ses rivages et les fait reculer de siècle en siècle. Ailleurs, ce sont des portions de montagnes qui s'écroulent, engloutissent en quelques minutes plusieurs villages, semant la désolation au milieu des plus riantes vallées. Ou bien ce sont des cônes volcaniques contre lesquels s'acharnent les pluies tropicales, y découpant des ravins profonds, dont les parois s'effondrent et montrent des ruines à la place de ces géants.

Plus silencieuse, mais non moins efficace, est l'action de ces grands fleuves, comme le Gange et le Mississipi, dont les eaux sont si fortement chargées de particules en suspension. Chacun de ces petits corps qui troublent la limpidité de leur véhicule liquide, est un fragment arraché à la terre ferme. Lentement, mais sûrement, les flots conduisent au grand réservoir de la mer tout ce qu'a perdu la surface du sol, et les résidus qui s'étalent au grand jour dans le delta ne sont rien à côté des troubles que la mer reçoit pour les disperser dans ses abîmes. Comment le penseur, témoin d'une telle œuvre, et sachant qu'elle se

poursuit depuis un nombre considérable de siècles,
pourrait-il échapper à l'idée qu'en réalité les
fleuves, comme les vagues de l'Océan, préparent
inexorablement la ruine de la terre ferme ?

Cette conclusion, la géologie la confirme de tous
points. Elle nous fait voir, sur l'étendue entière
des continents, la surface du sol constamment
attaquée soit par les variations de la température,
soit par les alternatives de la sécheresse et de l'humidité, de la gelée et du dégel, soit encore par
l'incessante action des vers ou des végétaux. De
là un processus de désagrégation, qui finit par
ameublir même les roches les plus compactes,
jusqu'à ce que leurs fragments soient assez petits
pour obéir à la pesanteur, surtout quand le ruis-
sellement pluvial intervient pour faciliter leur
descente. Ainsi cheminent-ils, d'abord sur les
pentes et dans le lit des torrents, où ils s'usent et
se transforment peu à peu en graviers, sables et
limons, puis dans les rivières, qui gardent encore,
au moins pendant leurs crues, une puissance suffisante pour déplacer ces menus matériaux et les
conduire jusqu'aux embouchures.

Il est aisé de prévoir quel doit être le résultat
final d'une telle action. La pesanteur, toujours
agissante, n'est satisfaite que quand les matériaux
soumis à son empire ont conquis la situation la

plus stable. Or, une telle conquête n'est réalisée que le jour où ces matériaux ne peuvent plus descendre. Il faut donc que toute pente arrive à être supprimée jusqu'à l'Océan, réservoir commun où vient aboutir toute puissance de transport, et que les parcelles enlevées aux continents soient disséminées sur le fond de la mer. En résumé, c'est l'aplanissement complet de la terre ferme ou, pour mieux dire, la destruction de tout relief continental.

Nous voyons d'abord facilement qu'au voisinage des embouchures, *des plaines presque horizontales devront marquer le relief final de la terre ferme*.

Le résultat de l'érosion par les eaux courantes, doit être de faire naître, sur les lignes de partage d'un pays, des arêtes aiguës, passant rapidement à des plaines presque absolument plates, entre lesquelles ne se maintiendrait, en dernière analyse, aucun relief supérieur à une cinquantaine de mètres.

Mais nulle part les arêtes aiguës, que cette conception laisse subsister à la séparation des bassins, ne seraient en état de se maintenir longtemps, parce que la pesanteur, l'action du vent, celle des infiltrations et des variations de température, suffiraient à en provoquer l'éboulement.

Aussi est-il légitime de dire que le terme auquel doit fatalement aboutir l'érosion continentale est *l'aplanissement complet de la terre ferme*, ainsi ramenée à un niveau à peine différent de celui de l'embouchure des cours d'eau.

Combien de temps faudra-t-il pour cela ?

La terre ferme, si on étalait uniformément toutes les montagnes, se présenterait comme un plateau dominant partout la mer par des falaises d'environ 700 mètres de hauteur.

Si nous admettons que la superficie totale des continents soit de 145 millions de kilomètres carrés, il en résultera que le volume de la masse continentale émergée peut être évalué à $145\,000\,000 \times 0,7$ ou $101\,500\,000$, soit en nombres ronds, *cent millions de kilomètres cubes*. Telle est la provision, assurément respectable, mais nullement indéfinie, contre laquelle s'exerce l'action des puissances extérieures de destruction.

Tous les fleuves ensemble peuvent être considérés comme amenant chaque année à la mer 23 000 kilomètres cubes d'eau (autrement dit 23 000 fois 1 milliard de mètres cubes). Un tel débit, pour le rapport établi de 38 parties sur 100 000, donnerait un volume de matières solides égal à 10 *kilomètres cubes et 43 centièmes*. Ce chiffre est à celui du volume total des continents comme 1 est 9 730 000 : si la terre ferme était un plateau uniforme de 700 mètres d'altitude, elle perdrait, de ce chef, *une tranche d'à peu près sept centièmes de millimètre* par an, soit un millimètre en quatorze ans ou *sept millimètres par siècle.*

Voilà un chiffre positif, qui exprime la valeur actuelle de l'érosion continentale. En l'appliquant à l'ensemble des continents, on trouve que cette érosion, opérant toute seule, détruirait *en moins de 10 millions d'années* la masse entière des terres émergées.

Mais la pluie et les cours d'eau ne sont pas seuls à l'œuvre sur le globe, et il y a d'autres facteurs qui contribuent à la destruction progressive de la terre ferme. Le premier est l'érosion marine.

Il est difficile de choisir un meilleur type d'érosion que celui des côtes britanniques ; car leur situation les expose à l'assaut des flots atlantiques, poussés par les vents dominants du sud-ouest, et dont la violence n'a été amortie par aucun obstacle. Or le recul moyen de l'ensemble des côtes anglaises est certainement *inférieur à 3 mètres par siècle.* Étendons ce taux à tous les rivages maritimes et voyons ce qui en résultera.

On peut procéder à cette recherche de deux manières. La première consiste à évaluer la perte de volume que représente, pour la totalité des rivages, un recul de 3 centimètres par an. Il faut pour cela connaître leur développement ainsi que leur hauteur moyenne. Ce développement, pour tout le globe, est d'environ 200 000 kilomètres. Quant à la hauteur des côtes actuelles au-dessus de la mer, c'est l'exagérer que de la fixer en moyenne à 100 mètres. Dès, lors un recul de 3 centimètres correspond à une perte annuelle de 3 mètres cubes par mètre courant, soit pour 200 000 kilomètres de côtes, 600 millions de mètres cubes, ce qui fait seulement *six dixièmes de kilomètre cube*. En d'autres termes, l'érosion marine ne représenterait que la *dix-septième* partie du travail des eaux courantes.

On objectera peut-être à ce mode de procéder que, l'altitude allant en croissant des rivages à la partie centrale des continents, un même recul devrait, avec le temps, correspondre à une plus grande perte en volume. Cette objection serait-elle bien fondée ? Non : car le travail des pluies et des cours d'eau, tendant de lui-même, comme nous l'avons dit, vers l'aplanissement complet des surfaces, continuerait de marcher de pair avec l'action des vagues.

D'autre part, la surface de la terre ferme étant de 145 000 000 de kilomètres carrés, un cercle d'égale superficie devrait avoir 6 800 kilomètres de rayon. Mais la circonférence de ce cercle n'aurait que 40 000 kilomètres, c'est-à-dire que la mer aurait, sur le pourtour, cinq fois moins de prise qu'elle n'en a actuellement, grâce aux découpures, qui portent à 200 000 kilomètres la longueur des côtes. On peut donc admettre que, sur notre terre, le travail de l'érosion marine marche *cinq fois plus vite* que sur un cercle équivalent. A coup sûr, cette évaluation représente un maximum ; car il est logique de supposer que, les péninsules étroites une fois rongées par la mer, le rapport du périmètre à la surface diminuerait de plus en plus, ce qui rendrait l'action des vagues moins efficace. En tout cas, puisqu'à raison de 3 centimètres par an, un rayon de 6 800 kilomètres est condamné à disparaître en 226 600 000 ans, le cinquième de ce chiffre, soit environ 45 millions d'années, représenterait le minimum du temps nécessaire pour la destruction de la terre ferme par les vagues marines ; ce serait à peine supérieur, comme intensité, *à la cinquième partie* de l'action continentale.

L'ensemble des actions mécaniques paraît donc faire perdre chaque année à la terre ferme, un volume de 12 kilomètres cubes, ce qui pour un total de 100 millions, amènerait la destruction complète en un peu plus de 8 *millions d'années*.

Seulement, il s'en faut de beaucoup que nous ayons épuisé l'analyse des phénomènes destructeurs de la masse continentale. L'eau n'est pas seulement un agent mécanique; c'est aussi un instrument de dissolution, instrument beaucoup plus efficace qu'on ne pourrait le croire, en raison de la proportion assez notable d'acide carbonique que contiennent toutes les eaux, soit qu'elles l'empruntent à l'atmosphère, soit qu'elles en trouvent la source dans la décomposition des matières organiques du sol. Ces eaux, qui circulent à travers tous les terrains, s'y chargent de substances qu'elles enlèvent aux minéraux des roches traversées.

L'eau des fleuves contient, par kilomètre cube, environ 182 tonnes de substances dissoutes. L'ensemble des fleuves apporte chaque année à la mer *près de 5 kilomètres cubes* de substances dissoutes. Ce ne serait donc plus 12, mais bien 17 kilomètres cubes, que perdrait chaque année la terre ferme, sous les diverses influences qui travaillent à sa destruction. Dès lors, le total des 100 millions disparaîtrait, non plus en 8, mais en *un peu moins de 6 millions d'années.*

Encore ce chiffre va-t-il subir une atténuation notable. En effet, il ne faut pas oublier que les sédiments introduits dans la mer y prennent la place d'une certaine quantité d'eau et qu'ainsi, de ce chef, le niveau de l'Océan doit s'élever, allant à la rencontre de la plate-forme continentale qui s'abaisse, et dont la disparition finale se trouve accélérée d'autant.

La mesure de ce mouvement est facile à préciser. En effet, pour une tranche donnée que perd le plateau supposé uniforme, il faut que la mer s'élève d'une quantité telle que le volume de la couche marine correspondante soit justement égal au volume de sédiments introduits, c'est-à-dire à celui de la tranche détruite. Le calcul montre que la perte en volume s'élève, en chiffres ronds, à 24 *kilomètres cubes*.

Puisque ce chiffre est contenu 4 166 666 fois dans celui de 100 millions, qui représente le volume continental, nous voilà autorisés à conclure que *la seule action des forces actuellement à l'œuvre*, si elle se continuait sans autres mouvements du sol, *suffirait pour entraîner, dans 4 millions d'années d'ici environ, la disparition totale de la terre ferme.*

C'est-à-dire que dans quatre millions d'années le globe terrestre serait entièrement submergé.

Mais on peut opposer à cette manière de voir une théorie diamétralement contraire et appuyée sur des faits d'observation non moins précis et une méthode de raisonnement non moins rigoureuse.

Au lieu de voir la terre continentale destinée à disparaître sous l'envahissement graduel des eaux et finir par être entièrement submergée, nous pouvons la voir au contraire, destinée à mourir de sécheresse, la quantité d'eau qui existe sur le globe diminuant graduellement de siècle en siècle.

VI

Autrefois, au commencement de la période quaternaire, la place où Paris s'étend actúellement était presque entièrement occupée par les eaux, puisque la colline de Passy à Montmartre et au Père-Lachaise, le plateau de Montrouge au Panthéon et à Villejuif et le massif du mont Valérien étaient seuls émergés au-dessus de l'immense nappe liquide. Les altitudes de ces plateaux n'ont pas augmenté, il n'y a pas eu de soulèvements, mais le lit de la Seine est graduellement descendu, et l'eau a diminué.

Il en est de même dans tous les pays du monde, et cela se comprend. Une quantité d'eau, très faible, il est vrai, relativement à l'ensemble, mais non négligeable, pénètre à travers les profondeurs du sol, soit au-dessous du bassin des mers, par les crevasses, les fissures, les ouvertures dues aux dislocations et aux éruptions sous-marines, soit en pleine terre ferme, car toute l'eau des pluies ne rencontre pas en imbibant le sol une couche d'argile imperméable. En général, l'eau de pluie qui n'est pas évaporée retourne à la mer par les sources, les ruisseaux, les rivières et les fleuves ; mais il faut pour cela qu'elle rencontre un lit de terre glaise et qu'elle y coule, suivant les pentes. Lorsqu'il n'y a pas de couche imperméable, elle continue de descendre par infiltration et vient saturer les roches profondes. C'est ce qu'on appelle l'eau de carrière.

Cette eau-là est perdue pour la circulation. Elle se combine chimiquement et constitue des hydrates. Si la descente est assez profonde, l'eau atteint une température assez élevée pour être transformée en vapeur, et telle est l'origine la plus fréquente des volcans et des tremblements de terre. Mais dans l'intérieur du sol comme à l'air libre même, une partie non négligeable des eaux en mouvement dans la circulation atmosphérique se transforme en hydrates et même en oxydes ; rien ne vaut l'humidité pour produire rapidement la rouille. Ainsi fixés, les éléments de l'eau, l'hydrogène et l'oxygène cessent d'être combinés à l'état liquide. Les eaux thermales, d'autre part, ne constituent-elles pas toute une circulation fluviale intérieure, et ne proviennent-elles pas de la surface? Elles n'y retournent guère, pas plus qu'à la mer.

Soit en se fixant, soit en se combinant, soit en pénétrant les couches profondes du globe, l'eau diminue donc à la surface de la Terre. Elle descendra de plus en plus à mesure que la chaleur terrestre se dissipera.

Il semble, du reste, que tel soit le sort des divers corps célestes de notre système solaire. Notre voisine la Lune, dont le volume et la masse sont fort inférieurs au volume et à la masse de la Terre, s'est refroidie plus rapidement et a parcouru plus vite les phases de sa vie astrale : ses anciennes mers, sur lesquelles on reconnaît encore aujourd'hui les vestiges irrécusables de l'action des eaux, sont entièrement desséchées ; on n'y remarque jamais aucune sorte d'évaporation, aucun nuage, de même que le spectroscope n'y découvre aucune trace de vapeur d'eau.

D'un autre côté, la planète Mars, également plus petite que la Terre, est sans contredit plus avancée aussi dans sa carrière, et l'on constate qu'elle ne possède plus un seul océan digne de ce titre, mais seulement des méditerranées de médiocre étendue, peu profondes, reliées entre elles par des canaux. Qu'il y ait moins d'eau sur Mars que sur la Terre, c'est un fait constaté par l'observation ; les nuages y sont également beaucoup plus rares et l'atmosphère y est plus sèche, les phénomènes d'évaporation, et de condensation s'y effectuent plus rapidement qu'ici, les neiges polaires montrent, suivant les saisons, une variation beaucoup plus étendue que les neiges terrestres. D'autre part encore, la planète Vénus, plus jeune que la Terre, est entourée d'une immense atmosphère constamment chargée de nuages. Quant à l'immense Jupiter, nous n'y voyons pour ainsi dire qu'un amoncellement de vapeurs. Ainsi, les quatre mondes que nous connaissons le mieux concordent chacun de son côté avec le fait de la diminution séculaire des eaux.

Il est donc certain que, tout en subisssant de siècle en siècle un nivellement fatal, la Terre subit en même temps une diminution graduelle dans la quantité d'eau qu'elle possède. Selon toute apparence, cette diminution marche parallèlement avec le nivellement. A mesure que le globe perdra sa chaleur interne et se refroidira, il subira sans doute le sort de la Lune et se crevassera. L'extinction absolue de la chaleur terrestre aura pour résultat d'opérer des retraits, de produire des vides dans l'intérieur, et l'eau des océans s'écoulera dans ces vides, sans être transformée en vapeur, et sera soit absorbée, soit combinée avec les roches métalliques, à l'état d'hydrate d'oxyde de fer. La quantité d'eau diminuera indéfiniment jusqu'à sa sa disparition peut-être totale. Les végétaux manqueront de leur élément essentiel, se tranformeront, mais finiront par dépérir. Les espèces animales se transformeront, également, mais il y aura toujours des herbivores et des carnivores, et les premiers disparaîtront d'abord graduellement, entraînant la mort inévitable des autres, jusqu'à ce qu'enfin l'espèce humaine elle-même, malgré ses transformations, meure de faim et de soif, sur le flanc de la Terre desséchée.

Par conséquent, nous pouvons conclure que la fin du monde n'arrivera point par un nouveau déluge, mais par la diminution de l'eau. Sans eau, la vie terrestre est impossible. L'eau constitue la partie essentielle de tous les corps vivants. Le corps humain lui-même en est formé, dans l'énorme proportion de 70 p. 100. Sans eau, il ne peut exister ni plantes ni animaux. Soit à l'état liquide, soit à l'état de vapeur, c'est elle qui régit toute la vie terrestre. Sa suppression équivaut à un arrêt de morf. Et cet arrêt, la nature nous l'infligera...

Mais, sans doute, ce n'est pas ce manque d'eau en lui-même qui amènera la fin des choses, ce sera plutôt sa conséquence climatologique. La diminution de la vapeur d'eau dans l'atmosphère amènera le refroidissement général, et c'est *par le froid* que l'humanité périra.

Tout le monde sait que l'atmosphère terrestre respirable est composée de 79 p. 100 d'azote, de 20 p. 100 d'oxygène, et que le centième restant est formé par la vapeur d'eau, pour un quart de centième environ, par l'acide carbonique pour 3 dix-millièmes, par de l'ozone ou oxygène électrisé, de l'ammoniaque, de l'hydrogène, et quelques autres gaz en quantité infiniment petite. L'azote et l'oxygène forment donc 99 centièmes, et la vapeur d'eau le quart du centième restant.

Au point de vue de la vie végétale et animale, ce quart de centième de vapeur d'eau est de la plus haute importance, et l'on peut affirmer qu'en ce qui concerne la température et le climat, cette petite quantité de vapeur d'eau est plus essentielle que tout le reste de l'atmosphère.

Les ondes de chaleur qui arrivent du Soleil à la Terre, qui échauffent le sol et qui en émanent ensuite pour se répandre dans l'espace en traversant l'atmosphère, se heurtent au passage contre les atomes d'oxygène et d'azote, et contre les molécules de la vapeur d'eau disséminées dans l'air. Ces molécules sont si clairsemées (puisqu'elles ne représentent pas en volume la centième partie de l'espace occupé par les autres) que l'on pourrait croire que si de la chaleur est conservée, c'est plutôt par l'azote et l'oxygène que par la vapeur d'eau. En effet, si nous considérons les atomes en particulier, nous voyons que pour 200 d'oxygène et d'azote, il y en a à peine 1 de vapeur aqueuse. Eh bien ! ce seul atome a 80 fois plus d'énergie, plus de valeur effective pour conserver la chaleur rayonnante que les 200 d'oxygène et d'azote ! Par conséquent, une molécule de vapeur d'eau est 16 000 fois plus efficace qu'une molécule d'air sec pour conserver la chaleur — comme pour la rayonner — car les deux pouvoirs sont réciproques et proportionnels. Diminuez dans une forte proportion ces molécules invisibles de la vapeur d'eau, et la Terre devient immédiatement inhabitable, malgré l'oxygène : toutes les contrées même de l'Équateur et des tropiques perdent soudain la chaleur qui les fait vivre, et sont condamnées au climat des hautes montagnes couronnées de frimas éternels ; au lieu des plantes luxuriantes, des fleurs et des fruits, des oiseaux et des nids, de la vie qui pullule sur le globe et dans les eaux, au lieu des ruisseaux gazouillants, des limpides rivières, des lacs et des mers, nous n'avons plus autour de nous que des glaces immobiles au sein d'un immense désert... Et quand je dis *nous*, nous ne resterions pas longtemps là pour le voir, car notre sang lui-même se figerait dans nos artères et dans nos veines, et tous les cœurs humains auraient bientôt cessé de battre. Voilà quelles seraient les conséquences de la suppression de cette vapeur aqueuse qui, répandue dans notre atmosphère, agit comme une serre protectrice et bienfaisante pour la vie terrestre tout entière.

Les principes de la thermodynamique démontrent que la température de l'espace est voisine de 273° au-dessous de zéro. C'est là le froid plus que glacial au milieu duquel notre planète s'endormira, lorsqu'elle sera privée du vêtement aérien qui l'enveloppe si chaudement aujourd'hui de son duvet protecteur.

C'est là le sort réservé à la Terre par la diminution graduelle de l'eau qui existe à sa surface. Cette mort par le froid est inévitable, si notre séjour dure assez longtemps pour l'attendre.

Une telle fin est d'autant plus certaine que ce n'est pas seulement la vapeur d'eau qui diminue, mais encore les autres éléments de l'air, l'oxygène et l'azote, en un mot l'atmosphère tout entière. L'oxygène se fixe insensiblement par tous les

oxydes qui se forment perpétuellement à la surface
du globe, l'azote se fixe par les plantes et les terres,
et ne retourne pas intégralement à l'état gazeux, l'atmosphère pénètre, par sa pression, les océans et les
continents, et descend, elle aussi, dans les régions
souterraines. Peu à peu, de siècle en siècle, l'atmosphère diminue. Autrefois, durant la période
primaire, par exemple, elle était immense, les
eaux couvraient presque entièrement le globe, les
premiers soulèvements granitiques émergeaient
seuls de l'Océan universel et l'atmosphère était
imprégnée d'une quantité de vapeur d'eau incomparablement supérieure à celle des temps modernes. C'est ce qui explique la haute température de
ces époques disparues, lorsque les plantes tropicales de nos jours, les fougères arborescentes,
ainsi que les calamites, les équisétacées, les sigil-
laires, les lépidodendrons, croissaient en opu-
lentes forêts aux pôles aussi bien qu'à l'équateur.
Aujourd'hui, l'atmosphère et la vapeur d'eau ont
considérablement diminué. Dans l'avenir, elles
sont destinées à disparaître. Sur Jupiter qui est
encore à son époque primaire, l'atmosphère est
immense et pleine de vapeurs. Sur la Lune, il
semble bien qu'il n'y ait presque plus d'atmosphère du tout; aussi sa température est-elle constamment inférieure à la glace, même en plein

Soleil. Sur Mars, l'atmosphère est sensiblement plus raréfiée que la nôtre.

Quant au temps nécessaire pour amener le règne du froid causé par la diminution de l'atmosphère aqueuse qui enveloppe le globe, il ne demandera sans doute pas moins de dix millions d'années.

Telle sera notre conclusion. Selon toute probabilité, notre petite planète sera morte par le froid, par l'absence de vapeur d'eau dans l'atmosphère, avant que le Soleil n'ait perdu le fécond rayonnement de sa lumière et de sa chaleur. Et, dans l'ordre des destinées planétaires, Jupiter et Saturne succéderont à notre monde disparu, ayant alors acquis, par la continuité de leur condensation, la dureté, la solidité, la stabilité, qu'ils ne paraissent pas encore posséder de nos jours, et n'ayant pas vu le développement de leur cycle arrêté par l'extinction prématurée du Soleil.

Longtemps après, dans 25, 30 millions d'années, ou davantage peut-être, le Soleil arrivera, à son tour, à son automne, à son hiver. Son rayonnement lumineux et calorifique aura été entretenu par sa condensation séculaire, d'une part, et, d'autre part, par la chute incessante des météores. Plusieurs calculs ont été faits dans ce sens et conduisent à peu près au même résultat.

Dans son bel ouvrage sur l'*Origine du Monde*, M. Faye écrivait : « Ce n'est pas que le système solaire doive se dissoudre, se disloquer, ou finir par s'englober tout entier dans la masse centrale. Laplace a montré que cet admirable mécanisme est fait pour durer indéfiniment. Toutes les conditions de stabilité mécanique s'y trouvent réunies, et n'oublions pas de rappeler, en passant, que ces conditions-là tiennent aux particularités propres au lambeau chaotique d'où il est sorti. Mais le monde, pour durer, ne dépense pas 'd'énergie, tandis que le Soleil, pour briller, en dépense énormément, et comme sa provision est limitée et ne saurait se renouveler, nous devons envisager, non comme prochaine assurément, mais comme inévitable, la mort de ce Soleil, en tant que Soleil. Après avoir brillé d'un éclat égal pendant bien des milliers d'années encore, il finira par faiblir et s'éteindre comme une lampe dont l'huile s'est épuisée. D'ailleurs d'assez nombreux phénomènes célestes nous en avertissent ; ce sont les étoiles dont la lumière vacille, celles qui s'éteignent périodiquement, du moins pour l'œil nu, comme o de la Baleine, et celles qui disparaissent d'une manière définitive.

« C'est surtout en considérant cette phase finale qu'on se rendra bien compte du rôle énorme que le Soleil joue dans notre monde, en dehors des effets mécaniques de sa puissante attraction. Le Soleil actuel perd continuellement de sa chaleur ; sa masse se condense et se contracte ; sa fluidité actuelle doit aller en diminuant. Il arrivera un moment où la circulation qui alimente la photosphère et qui régularise sa radiation en y faisant participer l'énorme masse presque entière sera gênée et commencera à se ralentir. Alors la radiation de lumière et de chaleur diminuera, la vie végétale et animale se resserrera de plus en plus vers l'équateur terrestre. Quand cette circulation aura cessé, la brillante photosphère sera remplacée par une croûte opaque et obscure qui supprimera toute radiation lumineuse. Peut-être les alternatives qu'on observe dans les étoiles au commencement de leur phase d'extinction, se produiront-elles aussi ; peut-être un développement accidentel de chaleur, dû à quelque affaissement de la croûte solaire, rendra-t-il un instant à cet astre sa splendeur première ; mais il ne tardera pas à s'affaiblir et à s'éteindre de nouveau, comme les étoiles fameuses du Cygne, du Serpentaire et, dernièrement encore, de la Couronne boréale.

« Quant au système lui-même, les planètes obscures et froides continueront à circuler autour du Soleil éteint. »

Tel sera sans doute, l'aspect final du système solaire.

Mais... après?... Après la mort de la Terre, après la mort du Soleil? Est-ce que toujours tout cela restera mort? Plus d'un lecteur peut maintenant se poser cette suprême question.

Essayer, non de la résoudre, assurément, mais d'y répondre, est peut-être audacieux. La curiosité nous tente tous, pourtant. Est-ce que vraiment la science actuelle nous autorise à regarder comme probable dans l'avenir cet éternel équilibre final?

APRÈS LA MORT DE LA TERRE

Dans dix millions d'années environ, si notre planète n'est pas morte d'accident, elle s'éteindra de vieillesse, l'atmosphère qui entretient sa vie ayant perdu l'élément le plus essentiel de cette vie, la vapeur d'eau, et le froid ayant réduit la surface entière du globe au climat glacial et mortel des altitudes supérieures.

Longtemps après, dans vingt, trente millions d'années ou davantage — mais avant cent millions d'années — le Soleil sera éteint.

Tout cela passera comme un jour.

Si la Terre conservait assez longtemps ses éléments de vitalité, comme Jupiter, par exemple, elle ne mourrait que par l'extinction du Soleil même.

Le soleil s'éteindra. Toutes les étoiles s'éteindront. L'univers finira-t-il donc lui-même tout entier?

Nous ne le pensons pas.

Pourquoi? Parce que l'Univers n'est pas une quantité finie.

Il est impossible de concevoir une limite à l'étendue de l'Univers. Nous avons devant nous, à travers un espace sans fin, la source intarissable de la transformation de l'énergie potentielle en mouvement, et de là en chaleur et en autres forces, et non pas un simple mécanisme fini marchant comme une horloge et s'arrêtant pour toujours.

L'avenir de l'Univers, c'est son passé. Si l'Univers devait un jour avoir une fin, il y a longtemps qu'elle serait arrivée, et nous ne serions pas ici pour étudier ce problème.

C'est parce que nos conceptions sont finies que nous voyons aux choses un commencement et une fin. Nous ne concevons pas qu'une série absolument sans fin de transformations puisse exister dans l'avenir ou dans le passé, ni que des séries également sans fin de combinaisons matérielles puissent se succéder de planètes en soleils, de soleils en systèmes de soleils, de ceux-ci en voies lactées, en Univers stellaires, etc., etc. Le spectacle actuel du ciel est pourtant là pour nous montrer l'infini. Nous ne comprenons pas davantage l'infinité de l'espace ni l'infinité du temps, et pourtant nous comprenons encore moins une limite quelconque à l'espace ou au temps, car notre pensée saute au delà de cette limite et continue de voir. On marcherait toujours dans une direction quelconque de l'espace sans en trouver la fin, et dès que l'on prétend nous affirmer qu'à un certain moment de la durée le temps cessera d'exister, nous n'en croyons rien, et nous ne voulons pas confondre le temps en lui-même avec les mesures humaines que nous en pouvons faire.

Ces mesures, ces appréciations sont relatives et arbitraires, mais le temps lui-même existe aussi bien que l'espace; en lui-même, ce n'est pas le néant. Supprimons tout, il restera encore l'espace et le temps, c'est-à-dire l'endroit, le lieu où des choses pourraient être placées, et la possibilité de succession des événements. S'il n'y avait rien, l'espace, pas plus que le temps, ne seraient mesurables réellement, ni même par la pensée, puisque la pensée n'existerait pas. Mais il est impossible à la pensée même de supprimer ni l'un ni l'autre. Absolument parlant, ce n'est ni l'espace ni le temps que nous devons dire, sans doute, mais l'infini et l'éternité, dans le sein desquels toute mesure, quelle que longue qu'elle soit, n'est plus qu'un point. Nous ne concevons pas, nous ne comprenons pas l'infini, dans l'espace ou dans la durée, parce que nous en sommes incapables ; mais cette incapacité ne prouve rien contre l'absolu. Tout en avouant que nous ne comprenons pas, nous sentons que l'infini nous environne et qu'un espace limité par une barrière quelconque est une idée absurde en soi, de même qu'à un moment quelconque de l'éternité nous ne pouvons pas ne pas admettre la possibilité de l'existence d'un système de mondes dont les mouvements mesureraient le temps sans le créer. Est-ce que nos horloges créent le temps? Non. Elles ne font que le mesurer. Nos mesures de temps et d'espace s'évanouissent devant l'absolu. Mais l'absolu demeure.

Nous vivons dans l'infini sans nous en douter. La main qui tient cette plume est composée d'éléments éternels et indestructibles, et les atomes qui la constituent existaient déjà dans la nébuleuse solaire dont notre planète est sortie, et au delà des siècles ils existeront toujours. Vos poitrines respirent, vos cerveaux pensent, avec des matériaux et des forces qui agissaient déjà il y a des millions d'années, et qui agiront sans fin. Et, après la mort, toutes les substances dont le corps a été formé vont reconstituer d'autres êtres. La dissolution est le prélude d'un renouvellement et de la formation d'êtres nouveaux. L'analogie nous porte à croire qu'il en est de même dans le système cosmique. Rien ne peut être détruit. *Ce qui subsiste, invariable en quantité, mais toujours changeant de forme sous les apparences sensibles que l'Univers nous présente, c'est une Puissance incommensurable que nous sommes obligés de reconnaître comme sans limite dans l'espace et sans commencement ni fin dans le temps.*

Voilà pourquoi il y aura toujours des soleils et des mondes, qui ne seront ni nos soleils ni nos mondes actuels, qui seront *autres*, mais qui toujours se succéderont durant l'interminable éternité.

C'est en vertu de cette loi transcendante que, longtemps après la mort de la Terre, des planètes géantes et de l'astre central lui-même, tandis que notre vieux Soleil noir voguera dans l'immensité sans bornes, emportant avec lui les mondes défunts où les humanités terrestres ou planétaires auront autrefois lutté dans les futiles combats de la vie quotidienne, nous pouvons deviner qu'un autre Soleil éteint, venant aussi des profondeurs de l'infini, le rencontrera et l'arrêtera...

Alors, dans la nuit immense de l'espace, ces deux boulets formidables créeront tout d'un coup par ce choc effroyable un feu céleste prodigieux,

une immense nébuleuse gazeuse qui oscillera
d'abord comme une flamme folle et s'envolera
ensuite vers des cieux inconnus. Sa température sera
de plusieurs millions de degrés. Tout ce qui aura
été autrefois terre, eaux, air, minéraux, plantes,
hommes ici-bas ; tout ce qui aura été chair.
regards, cœurs palpitants d'amour, beautés séduc-
trices, cerveaux pensants, mains tenant le glaive,
vainqueurs ou vaincus, bourreaux ou victimes, les
atomes et les âmes inférieures non dégagées de la
matière, tout sera devenu feu. Et ainsi des mondes
de Mars, Vénus, Jupiter, Saturne et leurs frères.
Ce sera la résurrection de la nature visible ; tandis
que les âmes supérieures qui auront acquis l'im-
mortalité continueront de vivre sans fin dans les
hiérarchies de l'Univers psychique invisible.

L'effroyable choc des deux Soleils éteints créera
donc une immense nébuleuse gazeuse, qui absor-
bera tous les anciens mondes transformés en
vapeur, et qui se mettra à tourner sur elle-même.

Et dans les zones de condensation de cette nébuleuse primordiale de nouveaux globes commen-
ceront à naître, comme autrefois à l'aurore de la
Terre.

Et ce sera là un recommencement du monde,
une genèse que de futurs Moïse et de futurs Laplace
raconteront.

Et la création se continuera, nouvelle, diverse, non terrestre, non martienne, non saturnienne, non solaire, autre : surhumaine, intarissable.

Et il y aura d'autres humanités, qui vivront dans la nouvelle lumière, comme nous vivons aujourd'hui dans la nôtre.

Et ces univers passeront à leur tour. Mais toujours l'espace infini restera peuplé de mondes et d'étoiles, d'âmes et de soleils, et toujours l'éternité durera.

Car il ne peut y avoir ni fin, ni commencement.

APPENDICE

Moyen de communication avec les planètes [1].

(P. 65.)

I

§ 1. Je vais exposer un projet dont la réalisation n'est pas proche, je le crains, à cause de l'éblouissement qu'il produit chez la plupart des hommes. Son

1. Cette étude m'a été apportée au mois de mai 1869 (ce n'est pas d'hier) par mon ami Charles Cros, arrivé en ce monde la même année que moi, mais parti beaucoup plus tôt, et a été l'objet d'une conférence faite ce même mois au boulevard des Capucines, sur ma présentation. Elle a été imprimée dans le *Cosmos* du mois d'août suivant. Depuis, la question est revenue en discussion à propos de Mars, et il n'y a pas fort longtemps que M. François Coppée en a fait, à peu près de mémoire, le sujet d'un article. A la demande de plusieurs de mes lecteurs, je publie ici cette curieuse étude comme appendice aux chapitres précédents sur les planètes de notre système.

Charles Cros a été le premier inventeur du phonographe et de la photographie des couleurs.

étrangeté n'est pourtant qu'apparente, car les éléments en sont absolument scientifiques.

Il s'agit d'entrer en communication avec les planètes voisines de la Terre, Mars et Vénus, au moyen de transmissions lumineuses.

Sans aucun doute, et tous autres obstacles étant aplanis, s'il n'y a pas sur ces globes des êtres équivalents à l'homme comme niveau intellectuel, le projet n'aboutira qu'à un résultat négatif. Mais comme sa réalisation peut seule trancher la question, ce projet prend un haut intérêt scientifique, et il est raisonnable.

La publicité que je lui donne n'a d'autre but que d'en provoquer la discussion, et d'attirer l'attention des astronomes sur un certain ordre de faits d'observation qui m'intéressent particulièrement.

§ 2. La transmission entre deux astres est fondée sur l'échange d'un phénomène répété, quel que soit ce phénomène.

Dans l'état actuel de la physique astronomique, il n'y a pas de choix à faire : on ne peut se servir que d'un rayon lumineux. Peut-être sera-t-il démontré, plus tard, que mieux vaudraient le magnétisme astral, l'électricité ou l'attraction proprement dite, si ces forces sont applicables dans ce cas.

§ 3. Une lumière libre, une bougie, par exemple, placée sur un endroit élevé, éclaire d'autant moins qu'on s'en éloigne ; et il y a une distance où on ne l'aperçoit plus. Cela tient à deux causes. La première est que l'air n'est pas absolument transparent, et que, sous une certaine épaisseur il fait l'effet d'un écran opaque. La seconde est que la lumière se répandant également en tous sens est d'autant plus dispersée qu'elle arrive plus loin.

La relation entre la quantité de lumière et l'éloignement de la source est bien connue. Une bougie éclaire une feuille de papier placé à la distance d'un mètre; à la distance de deux mètres il faudra quatre bougies pour produire le même éclairage. A cent mètres il faudrait dix mille bougies ; en un mot un nombre proportionnel au carré de la distance.

Or, ce n'est plus par mètres que se comptent les éloignements des planètes, mais bien par millions de kilomètres. Il n'y a donc pas lieu d'espérer qu'un foyer lumineux libre, assez intense pour être vu dans ces mondes lointains, puisse être produit et entretenu par l'homme. Des chiffres le prouveraient, d'ailleurs, mais ils sont inutiles ici.

§ 4. Devant cette infranchissable limite, il n'y a pas à désespérer de la solution du problème ; car la physique optique va nous offrir des ressources inattendues.

La discussion précédente porte, en effet, sur les rayons lumineux *libres*, c'est-à-dire, se répandant en tous sens. Or, tout le monde sait qu'avec un miroir ordinaire, on dirige à volonté les rayons reflétés. Si donc l'on conçoit — en reprenant l'exemple de la bougie — qu'on dispose plusieurs miroirs autour de la flamme, de manière à renvoyer, sur un même lieu, les rayons reflétés par chacun d'eux, ce lieu recevra d'abord la lumière qui lui vient directement de la bougie, et, en outre, les rayons que reflètent les miroirs. Admettons que chaque miroir renvoie un quart de la lumière qu'il reçoit. Il en résultera que quatre miroirs doubleront l'éclairage ; quatre cents miroirs le centupleraient. C'est en ce mode qu'Archimède employa, dit-on, la chaleur solaire à incendier la flotte ennemie.

Aujourd'hui, cet ensemble de miroirs plans est remplacé par un seul miroir concave, dont la courbure continue reflète tous les rayons produits au foyer, dans une même direction. De cette manière, ces rayons, au lieu de se disperser en tous sens, se groupent en faisceau, et la lumière traverse l'espace sans s'affaiblir autrement qu'en raison de l'opacité des milieux. Les réfracteurs lenticulaires ou à échelons ont des propriétés comparables à celles des miroirs paraboliques.

§ 5. Voici quelle sera l'application de ces données à la transmission des signaux interplanétaires.

Comme la source doit être aussi intense que possible, la lumière électrique est tout indiquée. Soit donc une puissante lampe électrique, mise au foyer d'un miroir réflecteur parabolique dont l'axe principal est dirigé sur l'astre. Les rayons lumineux qui tombent sur le miroir sont reflétés parallèlement à l'axe principal. Le faisceau qu'ils forment ainsi est théoriquement cylindrique ; mais en réalité il est conique, car d'une part, il est impossible de construire des miroirs dont la courbe soit rigoureusement exacte, et d'autre part la source lumineuse n'est pas un simple point qui puisse coïncider avec le foyer. Il suit de là, que les rayons formeront un pinceau divergent très allongé, soit à la sortie du miroir, soit à partir du point où le faisceau — supposé d'abord convergent — est le plus condensé. Arrivé au niveau de l'astre, le faisceau sera assez dilaté pour envelopper entièrement cet astre et le déborder de beaucoup. Seulement, plus il sera dilaté, plus son intensité diminuera.

Coupons ce faisceau par une surface blanche, normale à l'axe, au point où il a un mètre de diamètre. Il est possible de donner à la lampe électrique une telle intensité que la surface soit, dans ces conditions, autant éclairée que par un rayon de soleil.

Le faisceau est ensuite supposé se dilater à mesure qu'il s'avance dans l'espace; arrivé à l'astre, il a *vingt millions* de mètres de diamètre. Par suite, son intensité — ou, si l'on veut, sa concentration — devient *quatre cent trillions* de fois plus faible qu'au point où nous avions interposé la surface blanche.

On est loin, évidemment, d'avoir réalisé de cette manière un soleil artificiel. La lueur dont la planète se trouve enveloppée est des plus faibles. Nul œil humain ne percevrait cette addition insignifiante au rayonnement déjà si faible du ciel étoilé.

Cependant il ne faut pas croire que cette lueur, quatre cent trillions de fois plus faible qu'un rayon de soleil, soit nulle. De même que l'optique fournit des moyens d'empêcher la dispersion des rayons au départ, de même elle sait concentrer ces rayons à l'arrivée.

Les procédés en sont anciens, puisque l'on sait que dans les lunettes et dans les télescopes les rayons éparpillés sur toute la surface de l'objectif — lentille ou miroir — viennent se concentrer au foyer, où ils acquièrent une intensité proportionnelle à la concentration, sauf affaiblissement par réfraction ou par réflexion.

Les phénomènes naturels que l'astronomie enregistre vont nous permettre d'évaluer directement, et sous forme numérique, la possibilité d'échange de signaux.

§ 6. La planète Neptune tourne autour du Soleil à une distance trente fois plus grande que celle de la Terre au même astre. Cette planète est facilement visible dans une lunette de moyenne puissance. Elle a un satellite, qui a pu être observé, quoiqu'il soit naturellement beaucoup plus petit qu'elle.

En admettant que Neptune reflète le *cinquième* de la lumière qu'il reçoit du Soleil, on s'assure par un calcul assez simple que la lumière qui en vient à la Terre est plus de *deux cent trillions* de fois plus faible qu'un rayon de Soleil.

L'intensité du Soleil sur la Terre étant prise pour unité, nous avons donc en chiffres, pour l'intensité éclairante de Neptune :

$$\frac{1}{200.000.000.000.000}$$

Et pour celle du signal proposé plus haut :

$$\frac{1}{400.000.000.000.000}$$

La comparaison de ces deux fractions montre im-

médiatement que *la lueur du signal n'est que deux
fois plus faible que celle de Neptune vu de la Terre.*

§ 7. C'est là une proportion encourageante, mais
la dificulté n'est pas encore absolument vaincue,
bien qu'on puisse espérer un résultat, même dans
de telles conditions.

Y a-t-il moyen d'augmenter cette intensité trop
faible ? Sans aucun doute, et ce moyen est des plus
simples.

Il suffit de diriger en même temps deux, trois,
quatre, dix faisceaux lumineux semblables sur le
même astre, pour rendre la lueur deux, trois, quatre,
dix fois plus intense. Tous les rayons se rapporte-
ront à un même point apparent, si les lampes qui
les envoient sont à côté les unes des autres. Seulement, ce point deviendra d'autant plus brillant pour
les observateurs qu'il y aura plus de sources lumineuses. .

De cette manière, avec deux lampes électriques, on
figurera sur telle partie obscure du disque de la
Terre une étoile artificielle, qui, vue de Vénus ou de
Mars, sera de huitième grandeur au moins.

§ 8. Peut-être qu'une base conique de 20 millions
de mètres de diamètre seulement exigerait une précision dans les instruments au delà de ce que peut
atteindre la pratique. Dans ce cas, il faudra calculer
pour un diamètre plus grand et augmenter le nombre
des lampes en proportion du carré de ce diamètre.

En admettant le nombre de deux lampes pour
20 millions de mètres, il s'ensuit que, pour 40 mil-

lions de mètres, il faudrait huit lampes; pour 100 millions, cinquante lampes.

Le diamètre maximum nécessaire pour atteindre sûrement l'astre visé et le diamètre minimum possible d'après les instruments, seront, du reste, à fixer positivement dans les discusions pratiques du projet. Je me borne donc à présent aux renseignements approximatifs que je viens de donner, dans le simple but de montrer que les difficultés sont humainement franchissables. Les calculs à faire dans ce sens sont, du reste, de simples problèmes de trigonométrie, dont les solutions sont faciles.

Il convient enfin de signaler une condition indispensable. Chaque miroir doit être monté sur un rouage parallatique, où soient compensés les effets de la rotation terrestre, ainsi que ceux des révolutions sidérales des deux planètes.

§ 9. Une question, que je ne traite pas à fond ici, pour éviter les détails techniques, est celle des lieux à choisir pour l'envoi et la réception suivie des signaux.

Les hautes latitudes me paraissent réunir beaucoup d'avantages; entre autres, leurs longues nuits qui permettraient des rapports ininterrompus pendant des mois entiers, même avec les deux planètes intérieures. Au contraire, dans les régions voisines de l'équateur, on n'aurait que les courtes durées des crépuscules pour envoyer des signaux à ces planètes. A l'égard des planètes extérieures, les pays équatoriaux n'auraient d'autres inconvénients que leurs ciels souvent nuageux et la nécessité d'interrompre les signaux pendant le jour.

Cependant, il n'est pas absolument démontré pour moi qu'il soit impossible de donner aux signaux une intensité assez grande pour qu'ils apparaissent sur la surface éclairée de la Terre, comme points *plus lumineux* que les parties voisines. Dans ce cas, on pourrait prendre comme source lumineuse le soleil lui-même, dont les rayons seraient reflétés et concentrés par le miroir.

II

§ 1. Imaginons que les hommes ont réalisé le projet. Les habitants de la planète Vénus ou ceux de Mars, s'ils ont des lunettes, des télescopes ou d'autres instruments amplificateurs des astres, peuvent apercevoir, sur le bord obscur du disque de la Terre, un point lumineux. C'est le signal que lui adressent les hommes.

Ceux qu'on interrogera de la sorte penseront peut-être tout d'abord que le point lumineux est ou un volcan en activité ou tout autre effet optique inexpliqué; en un mot, un phénomène naturel où ne se manifeste d'autre volonté que l'insondable volonté universelle. Par suite, si le signal restait ainsi, comme un point immobile et continuellement brillant, rien n'empêcherait qu'on le considérât comme un nouveau fait d'astronomie, digne d'ère remarqué et enregistré; voilà tout.

§ 2. Il importe donc que le signal n'ait pas ce caractère, mais qu'il subisse des modifications telles que son origine *voulue* et son but ne restent pas douteux.

Ces modifications seront tout simplement des intermittences spéciales que nous allons déterminer.

Des apparitions et des disparitions, suivant une loi périodique simple, n'écarteraient pas l'idée d'un phénomène astronomique, dont la plupart sont intermittents et régulièrement rythmés. Produites au hasard, ces variations ne serviraient probablement qu'à corroborer l'explication par l'idée d'un volcan en activité variable.

§ 3. Je dois dire tout d'abord — et la suite de l'étude justifie cet avis — que la première notion à échanger est celle d'une *numération*.

Or, les premiers signaux doivent être tels qu'ils aient un caractère en quelque sorte *vivant* et qu'ils expriment la loi de la numération dont on se servira ultérieurement.

La discussion du système de numération à employer, exigeant des notions mathématiques tout à fait spéciales, ne peut entrer dans ce mémoire que je m'efforce de rendre abordable à tous. Il suffira de dire que ce système doit être le plus simple possible au début, quitte à le changer ensuite. Le système usuel, à neuf chiffres significatifs plus le zéro, sera rejeté à cause de sa complication ; ses chiffres élémentaires ont une valeur trop forte — ce qui rend trop forte aussi la somme des chiffres d'un nombre donné — et l'emploi tout conventionnel du zéro est difficile à deviner.

Il faut se servir de très peu de signes élémentaires et en utiliser tous les arrangements possibles dans l'ordre de génération de ces arrangements.

Les chiffres élémentaires seront : l'éclair simple, l'éclair double, triple, etc.

§ 4. Si l'on se borne à trois signes élémentaires, voici l'ordre des apparitions, tel qu'il devra être dans les premiers signaux ; les apparitions sont représentées par des points dont les intervalles sont proportionnels aux durées des disparitions :

.   ..   .

..   .   .

...   .   etc , etc.

L'étude la plus sommaire de cette série révèle sa loi. C'est une suite de groupes différents composés de un, de deux, de trois termes élémentaires, et ainsi de suite ; et ces termes élémentaires sont de trois espèces seulement : l'éclair simple, l'éclair double, l'éclair triple. Ils se substituent les uns aux autres dans tel terme des groupes consécutifs, suivant leur ordre de grandeur. Ce système peut se continuer indéfiniment et servir de cette manière à représenter la série des nombres naturels. Les propriétés, d'ailleurs fort intéressantes de cette numération si simple, et celles des numérations analogues doivent être l'objet d'une étude particulière.

Pour que le doute ne puisse pas naître, il conviendra de produire, après la suite des groupes représentatifs, la suite des nombres représentés — ces nombres étant exprimés chacun par autant d'éclairs simples qu'il contient d'unités. Enfin on y joindra quelques exemples, tels qu'un nombre assez grand exprimé en éclairs successifs, suivi de sa représentation dans le système numérique adopté.

§ 5. L'exemple des premiers signaux donnés ci-dessus est construit d'après une numération à *trois* éléments. Je n'ai pas voulu insinuer par là que ce système fût le préférable. Peut-être la numération à *deux* éléments est-elle plus avantageuse. C'est encore une question à discuter d'une manière rigoureuse. Les conclusions de cette étude tendront probablement à l'emploi d'une numération basée sur peu de signes élémentaires. Je ferai remarquer qu'il y a ici des questions de maximum et de minimum dont la solution devient précieuse, en ce qu'elle serait la même de part et d'autre, si les êtres qui correspondent sont de niveaux intellectuels à peu près équivalents.

§ 6. Tels seront donc les premiers signaux à envoyer. Il faudra les répéter constamment en variant les exemples de représentation numérique; car le faire trop rarement serait diminuer les chances d'être aperçu de ceux qu'on suscite. Si l'appel était fait à la Terre, il faudrait aussi qu'il fût souvent répété; puisque les savants ne se relaient pas sans interruption pour observer, dans leurs instruments, l'état de la surface des planètes.

Peut-être attendra-t-on longtemps la réponse; peut-être encore se lassera-t-on de l'essai avant que cette réponse arrive. On n'aura pourtant pas le droit d'en conclure que le projet est irraisonnable, ni que les planètes ne sont pas habitées, sauf qu'elles le soient par des êtres inférieurs à l'homme.

Qu'on imagine un appel fait à la Terre, dans les

conditions que j'ai dites, avant Galilée; il eût été absolument impossible que personne s'en aperçût et y répondît.

Cette considération suffit à établir qu'un premier essai sans résultat ne devra pas être regardé comme une raison suffisante de ne plus recommencer. Les signaux pourraient même être vus sans qu'on y répondît.

Si aujourd'hui l'appel était fait à la Terre, il faudrait avant d'y pouvoir répondre vaincre l'ignorance, le scepticisme et le mauvais vouloir de bien des hommes, puis ensuite procéder à la construction délicate, difficile et coûteuse des appareils de transmission. Il y aurait ainsi bien du temps perdu, et l'on désespérerait sans doute de nous là-bas.

§ 7. Mais laissons de côté ces prévisions négatives, et poursuivons la recherche.

Les observateurs, armés des plus puissants instruments, ne quittent pas du regard l'astre interrogé. Voilà que, sur la portion obscure de son disque, un petit point lumineux apparaît. C'est la réponse! Ce point lumineux, par ses intermittences, calquées sur celles du signal terrestre, semble dire : « Nous vous avons vu : nous vous avons compris ! »

Ce sera un moment de joie et d'orgueil pour les hommes. L'éternel isolement des sphères est vaincu. Plus de limite à l'avide curiosité humaine qui, déjà inquiète, parcourait la Terre, comme un tigre sa cage trop étroite.

Mais, dans cet enivrement, au milieu des rêves qui voudraient devancer le temps où l'on saura, une réflexion surgit et fait peur. Ces rêves sont fondés sur une petite lumière qui brille bien loin dans un monde où tout, sans doute, est autre qu'ici-bas. Cette lumière dit bien qu'il y a quelqu'un ; mais rien de plus. On voudrait connaître davantage ; on voudrait voir, entendre et toucher ce monde mystérieux. La petite lumière n'a fait qu'irriter la soif de savoir, et la rendre intolérable. Un monde peut-il apparaître à cette lueur presque imperceptible ?

C'est ce que nous pouvons examiner.

§ 8. Oui, cette petite lumière suffit à transporter tout un monde dans un autre. Dans les rythmes de ses apparitions et de ses disparitions peuvent s'incarner toutes les essences perceptibles et concevables. Et en cela, rien de miraculeux ni d'étrange.

Une fois le mode de numération adopté de part et d'autre, les hommes, si l'on veut, vont commencer des rapports explicites.

On ne sait transmettre que des nombres ; c'est donc avec des nombres qu'on va s'entendre. Or, cette limite étant posée, il n'y a pas deux méthodes à suivre. Il faut traduire, par un procédé géométrique simple, les figures planes convenablement choisies, en séries numériques, et transmettre successivement les termes de ces séries.

Les mathématiciens connaissent plusieurs procédés graphiques au moyen desquels une figure plane — ou même solide — est fragmentairement représentée par une série de nombres ; réciproquement, ils savent traduire une série de nombres en une figure construite par points. Les différents moyens graphiques doivent donc être classés de manière à ce qu'on choisisse tout d'abord le plus simple de tous.

Si la question restait indéterminée à l'égard de quatre ou cinq de ces procédés, l'inconvénient serait minime. Ceux qui reçoivent n'auraient qu'à les essayer tous; ils finiraient bien ainsi par trouver celui qu'ont adopté ceux qui envoient.

Pour me faire mieux comprendre, je vais montrer par un exemple familier comment des séries numériques représentent une figure plane, un dessin quelconque :

La série de nombres

$$19 \quad 3 \quad 7 \quad 1 \quad 1 \quad 4 \quad 25$$

étant donnée par écrit, on prend un fil d'une longueur indéfinie et des perles de deux couleurs, — blanches et noires si l'on veut. On lit le premier nombre 19, et on enfile dix-neuf perles d'une même couleur dans le fil — par exemple des perles blanches; on lit le second nombre 3 et on enfile trois perles noires. Ainsi de suite pour les autres nombres, en alternant les couleurs des perles. On a de cette manière un rang de perles, où le noir et le blanc se suivent sans que leur succession ait aucun sens apparent.

On garnit un autre fil suivant la seconde série.

$$18 \quad 4 \quad 6 \quad 2 \quad 5 \quad 6 \quad 19$$

On agit de même pour une troisième, une quatrième série, et ainsi de suite jusqu'à la dernière série.

Cela fait, il ne faudra pas chercher beaucoup pour avoir l'idée de mettre les rangs de perles les uns à côté des autres, dans l'ordre même où les séries ont été données. De cette manière on verra apparaître, sur la surface couverte de perles, une figure plus ou moins détaillée formée en perles noires, les perles blanches servant de fond. C'est le dessin en points que contenaient implicitement les séries.

Des procédés analogues de notation numérique des dessins sont employés dans diverses industries, entre autres le tissage et la broderie. Il y a là toute une science qui, suivant la marche ordinaire, se pratique avant d'être systématisée. Il en sortira une nouvelle et importante branche des mathématiques, et par suite une classification nouvelle de ces sciences primordiales. L'étude des *rythmes* prendra place au même rang que celle des *figures*.

Si l'on s'arrêtait au moyen que je viens de décrire, la transmission serait des plus simples. On enverrait au moyen de la numération préalablement établie, d'abord une série de nombres; ensuite, après un arrêt suffisamment prolongé, on enverrait une autre série, et ainsi de suite.

Ce mode de transmission n'est pas le seul; je ne le crois pas non plus le meilleur, et je l'ai pris comme exemple facile à décrire. On pourrait encore enfiler toutes les perles à la suite les unes des autres et enrouler le fil sur un cylindre, étant connu le nombre de perles à mettre par tour, ou bien aussi contourner le fil en spirale sur une surface plane, étant connue la loi d'accroissement du nombre de perles par tour de spire, etc., etc.

§ 9. La transmission des éclairs rythmés est donc ainsi ramenée à une transmission de dessins, de projections planes. Il reste à examiner brièvement si ce mode de communication satisfera à toutes les exigences de l'œuvre que je propose.

On m'a dit que la transmission était bien lente de cette façon; il faudrait pourtant s'en contenter s'il n'y en avait pas d'autre. Disons tout de suite, d'ailleurs, qu'en outre des conventions abréviatives qui s'établiront par la suite, on prévoit dès à présent que des procédés de transmission très rapide pourront être mis en œuvre.

En effet, que l'on colore diversement les rayons, chaque élément de la numération deviendra un éclair simple dont la teinte seule indiquera la valeur. Ou bien tel signe donné aura autant de valeurs différentes que ses colorations possibles.

A cela, il faut ajouter la possibilité de polariser la lumière suivant tous les angles du cadran, et celle de lui faire traverser des vapeurs dont l'analyse spectrale retrouverait la nature au lieu d'arrivée.

Ces ressources semblent promettre un langage interplanétaire aussi précis et aussi rapide que sa suprême importance l'exigera.

III

§ 1. Ce qu'il me reste à dire est bien peu de chose au point où j'ai laissé la question.

Deux mondes échangent des signes équivalents à des figures dessinées; ce qui en résultera se prévoit facilement, et des conseils n'ont plus grande utilité. Chaque savant, chaque homme donnera son avis sur la Terre, et de là-bas il viendra peut-être quelque idée bien au-dessous de toutes celles que je pourrais émettre désormais.

Je me bornerai donc à quelques grandes lignes préhistoriques sur ce sujet.

§ 2. Il sera nécessaire de construire une suite de figures représentant la totalité du savoir humain. Ces figures sont chacune désignées par un nombre, — autant que possible dans un ordre scientifique à partir des notions simples jusqu'aux notions de plus en plus complexes. D'ailleurs, cet ordre résultera de la nécessité d'être compris. Ainsi, l'expression d'une connaissance humaine, une fois sa figure représentative transmise, sera le chiffre qui désigne cette figure.

§ 3. Un exemple éclaircira ceci.

Il s'agit de distinguer et de dénommer les couleurs ; on fait un dessin clair et simple représentant l'expérience de la décomposition des couleurs par le prisme. Le rayon mixte en cette figure donne naissance à plusieurs rayons simples. On numérote, sur la figure même, ces différents rayons, dans l'ordre de leurs réfrangibilités croissantes. La figure totale est elle-même désignée par un chiffre ; supposons que ce soit la planche 17. Le groupe 17-1 voudra dire rouge, 17-2 orangé, 17-6 bleu, etc.

Ainsi, le chiffre 17 signifiera *couleur* en général, et le chiffre suivant indiquera l'espèce de la couleur.

De même seront transmises et dénommées les notions des substances chimiques, des diverses forces physiques, des éléments musicaux, des sons vocaux, etc., par leurs caractères différentiels numériques.

Il est inutile, pour l'instant, de continuer cet exposé ; il serait inopportun de l'approfondir. La représentation figurative du savoir humain forme une étude particulière et très vaste.

§ 4. Je sens une objection qui s'élève dès le début de cet exposé ; j'y dois répondre avant de terminer.

Suis-je le seul qui, dans la foule des mondes voisins, ait eu l'ensemble d'idées ici émises ? Il est probable que non. Alors, si ces idées ne sont pas de vaines rêveries, comment se fait-il qu'aucun signal n'ait été adressé à la Terre jusqu'à présent, que des avertissements ne nous soient pas venus de la part d'êtres qui possèdent sans doute de plus puissants moyens que nous ; car il doit y avoir de ces êtres dans l'infini des possibles ?

On a vu plus haut que les sociétés humaines sont restées longtemps hors d'état d'apercevoir les signaux et de les comprendre. Il y a peut-être des signaux adressés, et les hommes ne les ont pas vus ; peut-être même nous en envoie-t-on aujourd'hui sans qu'on y fasse attention. L'astronomie physique est encore étudiée avec assez peu de ferveur pour que de pareils phénomènes puissent n'être pas aperçus.

Le hasard m'a mis sous les yeux quelques faits étranges ; je voudrais les voir rassemblés, je voudrais qu'on recherchât s'ils ne se reproduisent pas. Divers observateurs, Herschel, Schrœter, Harding, Messier et d'autres ont vu des points brillants sur les disques de Mercure, de Mars et même, autant que je m'en souviens, sur celui de Vénus.

Les explications qui supposent des volcans, ou des phénomènes de réflexion mal définie des rayons

solaires, sont peu satisfaisantes, tous en convien-
nent.

Qu'on y regarde attentivement; peut-être verra-t-on
de nouveau ces points et les verra-t-on mieux. Il faut
une idée préconçue pour voir, et on ne l'a pas eue
jusqu'ici.

§ 5. J'ai fini de dire ce que je crois le plus immédiatement important sur la question que j'ai soule-
vée. Je serai heureux si je ne me heurte pas de toutes
parts, comme cela m'est arrivé souvent, au non-
savoir négateur de tout ce qui n'est pas le calque
fidèle du passé.

NOTE JUSTIFICATIVE

*Évaluation de l'intensité de la lumière de Neptune
vu de la Terre.* — Soit, comme unité, l la quantité
de lumière que reçoit du Soleil, sur la Terre, une
surface d'un mètre carré normale aux rayons.

Déterminons le nombre de ces unités lumineuses
qui, émises par le Soleil, sont interceptées par
Neptune.

Le rayon de Neptune est de

$$28.380.000 \text{ mètres.}$$

on en déduit la surface d'un grand cercle :
$$(28.380.000)^2 \times \pi = 2.530.321.295.040.000 \text{ mèt. carrés.}$$

La quantité de lumière reçue étant, à égale surface,
902 fois plus petite sur Neptune que sur la Terre, on
trouve pour le nombre d'unités lumineuses interceptées :

$$2.811.000.000.000 \, l$$

On admet que les miroirs métalliques reflètent environ *un tiers* de la lumière qu'ils reçoivent ; nous pouvons donc fixer sans témérité à *un cinquième* la quantité de lumière reflétée par la surface bien plus absorbante d'un astre. On a donc, pour le nombre d'unités reflétées,

$$562.500.000.000 \; l$$

Cette quantité de lumière se répand dans l'espace en se distribuant également sur la surface intérieure d'un hémisphère idéal qui aurait Neptune pour centre. Plus le rayon de cet hémisphère — c'est-à-dire la distance à Neptune — augmente, plus la lumière se disperse et s'affaiblit. Mesurons cette dispersion.

En nombre rond, la distance de Neptune à la Terre est de

$$4.500.000.000.000 \; \text{mètres}$$

Élevant ce nombre au carré et le multipliant par 2π, nous obtiendrons la surface hémisphérique dont cette distance est le rayon. On trouve pour cette surface

$$127.234.395.000.000.000.000.000.000 \; \text{mètres carrés.}$$

La lumière émise par Neptune subira, en arrivant jusqu'à la Terre, un affaiblissement proportionnel à ce nombre. Nous avons vu que Neptune émet

$$562.500.000.000$$

unités de lumière ; l'intensité éclairante de cet astre sur la Terre — ou la quantité de lumière qu'un mètre superficiel en reçoit — sera donc exprimée par la fraction

$$\frac{5.625\ l}{1.272.343.950.000.000.000}$$

ce qui devient, toutes réductions faites :

$$\frac{l}{226.194.480.000.000}$$

C'est la valeur *minima* que doit avoir — dans le cas des signaux envoyés — l'intensité de la source divisée par la section du faisceau au niveau de la planète.

Le plus grand nombre qu'on ait jamais écrit
(p. 128)

J'ai publié, en 1873, dans l'*Illustration*, le calcul suivant.

« Les derniers trains qui viennent de partir pour la Prusse, emportant vers le Rhin nos fourgons chargés d'espèces d'or et d'argent, ont complété la réunion fabuleuse des 5 milliards de notre rançon. Déjà l'on a mis en évidence le poids fantastique de ce capital et son volume non moins inouï, malgré la facilité avec laquelle ce chiffre de *milliards* est entré depuis la guerre dans la conversation, tandis qu'il y a seulement dix ans on parlait à peine, et sans bien en sentir la valeur, de simples centaines de millions.

La marche des langues ressemble un peu à celle des impôts. Tels mots auxquels on n'avait jamais songé, prennent subitement place dans le langage en vertu de l'actualité, et une fois établis ils s'y fixent pour n'en plus sortir. Tels impôts paraissaient absolument imaginaires : une loi les vote; ils sont, sinon bien reçus, du moins supportés, et désormais les voilà établis pour ne plus disparaître. Seulement, il est probable que si les langues s'enrichissent par le développement de leur vocabulaire, les nations s'épuisent finalement par l'accroissement démesuré de leurs besoins.

Ce payement prodigieux des 5 milliards a remis sur le tapis une question curieuse, dont la solution a toujours paru véritablement imaginaire. C'est celle de la somme qui serait actuellement produite par les intérêts composés de *cinq centimes* placés à la naissance de Jésus-Christ. Lorsqu'à l'occasion de l'indemnité du milliard aux émigrés proposée par le gouvernement de la Restauration, le général Foy s'écria que 1 milliard de minutes ne s'était pas écoulé depuis la naissance de Jésus-Christ, il faisait comprendre la valeur de ce chiffre, si légèrement répété aujourd'hui. Eh bien! ce chiffre n'est rien à côté de celui qui répond à la question que nous venons de rappeler.

En effet, ce n'est pas un milliard, ni cinq milliards qui seraient produits par la médiocre somme de 5 centimes placés au commencement de notre ère. Ce ne sont pas non plus des dizaines de milliards ni des centaines de milliards, ni des milliers de milliards. C'est bien autre chose. Tous les chemins de fer du monde, seraient-ils couverts de wagons, ne suffiraient pas pour porter cette somme en argent, ni en or, ni même en billets de banque de mille francs. La France entière ne serait pas assez vaste pour contenir les pièces d'or qui la représenteraient, ces pièces fussent-elles empilées en une pyramide aussi haute que la puissance humaine pourrait l'élever. Les Alpes et les Pyrénées fussent-elles des mines d'or sans déchet, ne suffiraient pas non plus à fournir une pareille somme. Que dis-je? la terre entière, en la supposant d'or massif, n'équivaudrait pas à cette somme fabuleuse!

5 centimes placés au taux de 5 p. 100, à la naissance de Jésus-Christ, se seraient multipliés, pendant mille huit cent soixante-treize ans, suivant une progression telle qu'aujourd'hui ils seraient arrivés à former le capital de :

243 516 800 000 000 000 000 000 000 000 000 000 000 *francs,*

c'est-à-dire de 243 undécillions, 516 décillions, 800 nonillions de francs, en nombre rond.

C'est là un chiffre qui n'a jamais été exprimé, même dans les numérations transcendantes de l'astronomie sidérale, qui compte par milliards et *trillions.*

Veut-on se représenter le poids et le volume de cette somme en or?

Le kilogramme d'or valant 3 400 francs, notre capital pèserait :

71 622 588 000 000 000 000 000 000 000 000 000

ou 71 décillions, 622 nonillions, 588 octillions de kilogrammes.

Nous avons dit que la Terre entière, fût-elle d'or

massif, ne suffirait pas pour payer cette somme. En effet, notre globe, qui a 12 742 kilomètres de diamètre, pèse 5 875 sextillions de kilogrammes. S'il était composé d'or massif, il serait trois fois et demi plus lourd et pèserait 20 562 sextillions de kilogrammes. Il faut encore multiplier ce nombre par 3 486 100 000 pour former l'effroyable quantité dont il s'agit.

Ainsi, les 243 undécillions de francs qui seraient produits aujourd'hui par le placement de 5 centimes sous le règne de Tibère formeraient un poids de 71 décillions de kilogrammes d'or, poids égal à 12 190 millions de fois celui de la Terre telle qu'elle est, et à 3 486 millions de fois le poids d'un globe d'or de la dimension de la Terre.

Si donc notre planète était formée d'or massif, il faudrait *trois milliards quatre cent quatre-vingt-six millions de globes égaux* pour obtenir une valeur capable de payer ce fameux capital!

En imaginant qu'il tombe du ciel chaque minute un lingot d'or de la dimension de la Terre, il en tomberait 1 440 par jour et 526 070 par an. Il faudrait que cette chute se continuât *pendant plus de six mille ans*, pendant 6 626 ans et 8 mois pour arriver à constituer la somme totale!!

Je n'ai jamais présenté le résultat de ce calcul sans voir le doute errer au coin des lèvres ou dans le regard des personnes qui m'avaient écouté. Et, en effet, cette somme est tellement monstrueuse qu'elle paraît difficile à accepter. C'est pourquoi j'ajouterai ici, comme pièce de conviction, la méthode du calcul que chacun pourra répéter.

La formule la plus expéditive est celle qui se base sur les propriétés des logarithmes. Chacun sait que les intérêts composés se calculent comme ceci :

$$\text{Log } x = \log A + n \log\left(1 + \frac{r}{100}\right),$$

formule dans laquelle x représente le produit de la somme A, placée pendant n années au taux de r.

Pour 5 centimes placés à la naissance de Jésus-Christ, la somme produite en 1873 s'exprime donc par :

$$\text{Log } x = \log 0{,}05 + 1873 \log\left(1 + \frac{5}{100}\right)$$

$$\text{Log } 1{,}05 = 0{,}0211893$$

$$1873 \ \text{Log } 1{,}05 = 39{,}6875589$$
$$\text{Log } 0{,}05 = \overline{2}{,}6989700$$
$$\text{Log } x = 38{,}3865289$$

dont le nombre correspondant est $2\,435\,168 \times 10^{32}$.

Pardon de tous ces chiffres, mais il était nécessaire de les produire pour convaincre ceux qui douteraient de l'authenticité des conclusions précédentes. Chacun peut ainsi refaire le calcul.

Les lecteurs qui ne se servent pas volontiers de logarithmes arriveraient au même résultat en remarquant qu'un capital placé à 5 p. 100, à intérêts composés, se double dans l'espace de quatorze ans, ou, plus exactement 14,21. Nos 5 centimes ainsi placés en l'an 1 deviennent donc 10 centimes en l'an 14; 20 centimes en l'an 28; 40 centimes au bout de quatorze nouvelles années; 80 centimes après un même inter-

valle; 1 fr. 60 l'an 71; 3 fr. 20 l'an 85, et ainsi de suite
en doublant toujours.

La progression, qui commence assez lentement,
comme on le voit, monte bientôt avec une rapidité
effrayante. Pendant les cent premières années, la
somme n'arrive, il est vrai, qu'à 6 fr. 40 centimes.
Mais à la fin du IIe siècle, elle est de 819 fr. 20; à la
fin du IIIe siècle, elle est de 104 857 fr. 60; à la fin du
IVe, elle est de 13 421 772 fr. 80. Nous voici déjà aux
millions. La somme doublant toujours de quatorze en
quatorze années, on arrive vite aux centaines de millions et aux milliards. Et comme elle continue toujours de doubler, on atteint rapidement les dizaines
et centaines de milliards, puis les trillions, les quatrillions, et ainsi de suite. On arrive de la sorte à
former pour le commencement de notre siècle (1803)
le chiffre de 7 610 décillions, qui deviennent 15 undécillions en 1817, puis 30, puis 60, puis 121 en 1859 et
243 en notre année de rançon, 1873.

Depuis que ce nombre de 39 chiffres a scintillé dans
mon cerveau, je ne puis plus prendre de monnaies
romaines entre mes mains sans les voir se multiplier
comme dans un rêve. Cette pièce d'Auguste, que tous
les collectionneurs classent assez indifféremment sur
leurs cartons entre César et Tibère, en la soupesant
de la main droite, je me suis pris quelquefois à
regretter qu'un génie bienveillant ne l'eût pas placée
comme patrimoine d'une famille gallo-romaine de
mes ancêtres. La statistique des mariages prouve
qu'en France, après dix-huit siècles, nous sommes
tous cousins au trente-troisième degré. Quel que soit
le nombre des héritiers d'un pareil patrimoine, on

le partagerait volontiers même entre tous les habitants du globe, car la Terre entière n'a que 1 400 millions d'habitants, et chacun, homme, femme ou enfant, aurait encore pour sa part la jolie somme de 187 320 610 000 milliards de francs. Mais sur quelle compagnie d'assurances, sur quelle banque nationale ou internationale aurait-on pu fonder une pareille opération financière qui laisse loin derrière elle tous les rêves d'or rêvés jusqu'à ce jour? C'est ici que nous remontons forcément sur l'échelle des chiffres aux grandeurs astronomiques. Il n'y aurait, en effet, qu'une combinaison de toutes les banques planétaires qui aurait pu parer à une telle éventualité. Et encore, peut-être, faudrait-il adjuger le Soleil lui-même. Et ce ne serait pas suffisant. L'analyse spectrale nous apprend qu'il n'y a pas d'or dans le Soleil, si ce n'est peut-être dans ses profondeurs. L'échéance d'une pareille note ne pourrait donc être raisonnablement payée que dans les étoiles, c'est-à-dire dans l'autre monde. »

Ce chiffre de 243 undécillions 516 décillions 800 nonillions de francs en 1873 est doublé en 1887!

Il est de nouveau doublé en 1901.

A cette dernière date, c'est donc *pendant vingt-six mille ans* qu'il devrait tomber du ciel, par minute, un lingot d'or de la dimension de la Terre pour payer la somme dont il s'agit.

TABLE DES MATIÈRES

IMPRIMERIE E. FLAMMARION, 26, RUE RACINE, PARIS.